響し、できるだけ◼◼◼◼◼◼◼◼◼◼、窯業、
がある。とはいえ◼◼◼◼◼◼◼◼◼◼
室素肥料と農薬を◼◼◼◼◼◼◼◼置かれば、いい器で飲み
く、収穫量を増やす方法だ。その
結果、田んぼにはタニシ、コウノトリ
がいなくなり、環境も保全されなく
なった。だが、農薬や化学肥料に
頼らず、酒米を生産する農家もいる。
おいしいを超える酒、原材料を含
めた造り手の情熱をわかち合える
酒を応援していきたい。

　酒造りは、自然環境と伝統産業
が密接に影響する。日本酒の8割
は水。水質が発酵に多大な影響を
与えるため、酒蔵は水源の維持に
神経を使う。そして品質を求める酒
造りには杉が関わる。最先端素材
が開発される現代に、酒造りでは杉
が欠かせない。麹室の壁も、麹を育
てる箱「麹蓋」も杉だ。製材加工場
で、麹蓋には天然杉の柾目で、機
械製材でなく手斧で切らねば道具と
して成り立たないと教わり驚いた。

たくなる。人気の極薄グラスは60
年前のプロペラ機時代のファースト
クラス用にデザインされた。電球を
手吹きした技術の応用という。そし
て酒器といえば、日本が誇る焼き
物だ。備前焼、信楽焼、有田焼な
ど、加えて漆器に錫器。これ、みな
Made in Japan！

　そして酒と切っても切れないの
が酒菜＝肴。野菜に魚介類、発酵
調味料に発酵食品が酒をおいしく
盛り上げる。上質な米の酒を飲む
ことで、農業、林業、窯業、漁業ま
で、みんなつながっていく。

　どんな酒を選ぶのか、その一杯
の選択こそが、地域を、日本を変
えるのではないか。だから、1日1
合純米酒！（もちろんそれ以上でも、
純米大吟醸でもいいんですよ）

　　　　　　　　　　　山本洋子

3

新版 厳選日本酒手帖

CONTENTS

4

本書の使い方

北海道・東北、関東、北陸・甲信越、中部、近畿、中国・四国、九州の7つのエリアに分け、地域別に酒蔵を紹介しています。

酒蔵の特徴を短い言葉でご紹介。

銘柄名をメインに、よみがなを表記。ホームページがある場合はURLを掲載(http://、https://は省略)。

概要では、酒蔵の地域、歴史、主な酒米の種類、造りの特徴、味わいを解説し、酒が出来るまでの背景を解説しています。

蔵を代表する定番の1本を大きく紹介。データはお酒の甘辛度、ボディ、アルコール度数、そして蔵が推奨する飲用温度を紹介しています。

◉ …使用米、精米歩合

AL …アルコール度数

¥ …税別価格

季節限定の1本、酒蔵がおすすめするとっておきの1本、特別な1本などを紹介しています。

酒蔵住所など基本データを掲載

北海道・東北

関東

北陸・甲信越

中部

近畿

中国・四国

九州

大雪山の麓、極寒の町で
北海道の米力を生かす純米蔵

上川大雪 かみかわたいせつ

北海道　上川大雪酒造株式会社
kamikawa-taisetsu.co.jp/

地球温暖化に伴い、寒造りの適地と言われた北海道。冬場は−20℃にも下がる寒冷地、大雪山の麓の上川町で、2017年創業の新しい酒蔵。北海道産の酒米、彗星、吟風、きたしずくを使い、純米酒のみを醸す。仕込み水は万年雪を冠する北大雪山系伏流水。天然水の味わいそのままに、きれいでしなやかな酒質を誇る。札幌国税局新酒鑑評会で金賞、フランスの鑑評会でプラチナ賞を受賞するなど高評価。産学官連携の取り組みで、帯広畜産大学内に新蔵を建設したのに加え、北見、函館にも計画中。シンボルマークはアイヌ文様をモチーフに日本酒の五味を表現。

定番の1本
清楚な含み香。
心地よい切れ味看板酒

上川大雪 特別純米

🌡 6℃～常温
◉ 糯米＆掛米：北海道産酒造好適米 60%
AL 16.0度
¥ 1,760円(720ml)

季節の1本(販売期間:7月～)
白麹で醸す切れ良い純米吟醸

SHIRO

🌡 6～10℃
◉ 糯米＆掛米：北海道産酒造好適米 50%
AL 14.0度　¥ 1,800円(720ml)

酒蔵おすすめの1本
地元・上川限定のレアな純米酒

神川 純米

🌡 冷酒から燗まで
◉ 糯米＆掛米：北海道産酒造好適米 70%
AL 15.0度　¥ 1,200円(720ml)

●創業年:2017年(平成二十九年)　●蔵元:塚原敏夫 初代　●杜氏:川端慎治
●住所:北海道上川郡上川町旭町25番地1

20

日本酒造りのきほん

日本酒は、米の酒。人と自然が作り出す大切な文化です。
では、どうやって日本酒が造られるのか、
秋田の新政酒造に協力いただきご紹介しましょう。

写真・取材協力／新政酒造

〜まず、お米作りから〜

　日本酒は米の酒。酒造りは米作りから始まる。どのようにできるのか、準備から収穫までダイジェストでご紹介。秋田県秋田市の中山間地・鵜養地区で無農薬栽培に取り組む新政酒造の田んぼ。稲の品種は大正10年に秋田の農事試験場で育成され陸羽132号。

　お米作りと酒造りに欠かせない水。山から川へ、水を配分する堰を経て、用水路から田んぼへと流れる。農業が営まれることで、美しい田園風景が維持保全されてきた。

3月〜4月　田植えの準備

　よく中身が詰まった重い種籾を選ぶ。7日〜10日ほど水につけ、芽出しした種を育苗箱にまく。ビニールハウスに入れ、温度や水やりを調整して苗を育てる。田んぼはトラクターで耕し、根が張る部分の土を細かくしながら空気も送り込む。

5月　田植え

　田んぼに水を入れ、トロッとなるまで土を混ぜる「代かき」を行い、平らにする。土が落ち着いたら苗を植える。良い苗か、何本で植えるか、株の間隔をどれくらいあけるかが腕の見せどころ。昔は手植え、今は専用

の機械に育苗箱をセットして植える。田植え後は、新しい葉の出方で根付いたかどうかを判断し、田んぼの水の量を調整。

6月〜8月　成長〜管理

　苗はどんどん成長するが、草も育つ。肥料分を取られないようにこまめに草を抜く。株の地際部分から新しい茎「分けつ」が順々に発生してくる。分けつが終わる7月頃、根が深くまで張るよう、田んぼの水を抜き、新しい空気を入れ、土を乾かす「中干し」を行う。稲穂が出ると花が咲く。スズメに稲穂を食べられないよう対策。天気が悪いと、いもち病などの病気や虫が多く発生する。水を抜いたり、入れたりを繰り返して管理。

9月　収穫

　籾が硬くなるにつれ徐々に田んぼの水を落とす。稲穂が黄金色になって頭が垂れたら、いよいよ稲刈り！ バインダーという刈り取り機、または刈り取りと脱穀を同時に行うコンバインが使われる。籾は乾燥させ、籾殻をはずした玄米に調整して等級検査へ。専門の検査員が品質の等級付けを行う。酒米の等級は上位から、特上、特等、1等、2等、3等、等外の6段階。特定名称酒（p.16参照）を名乗れるのは3等まで。

2017年から農薬と化学肥料不使用に取り組み、2020年から地元の全農家も農薬不使用に切り替わった。耕作放棄地も復田し、鵜養全体に無農薬田23町歩が広がる。将来、この地に木桶工房を建て、小さな酒蔵やオーベルジュをと蔵元の佐藤祐輔さんは構想する。

　収穫後の田んぼは、翌年の準備へと続く。

9

〜お酒を造る〜

良い米が蔵に届いたら、さて何から始まるか。
米が酒になる、発酵のプロセスを紹介します。

玄米

撮影／船橋陽馬

精米歩合　60%

扁平 55%

25%

❶ 精米・米を磨く

玄米を精米機で削って小さくする＝「米を磨く」とも言う。

米の外側は、タンパク質、脂肪、ビタミン類、無機質などが多く、麹菌や酵母の動きが旺盛になりすぎ、雑味の原因になる。そのため、玄米の外側を削り落とす。3割くらいが多いが、大吟醸になると5割以上も削る。ちなみに食べる米の精米は約1割。

精米機
（写真の左が扁平精米機）

新政酒造の精米は二段階。一般的な精米は、全体を削る球形精米だが、米の形を残して削る扁平精米を採用。玄米の胚芽を除去した後、扁平精米用の精米機にかけ、理想の精米歩合に仕上げる。

❷ 洗米・吸水

精米の時に米についた糠などを冷水で洗い流し、酒の味をきれいにする。

ざるを使った手洗いと、機械洗いがある。高級酒になるほど少ない量で丁寧に洗う。

洗米後、米を水につけて吸わせるが、大吟醸用の米は吸収が早いため秒単位で作業。吸水量は、米重量の3割程度が目安。吸水前の重さと、あとの重さを量り、1%単位で吸水率をコントロールする蔵も。

機械洗米。洗米機から、強い水流と気泡が出て、糠をきれいに落とす。大吟醸用の米は水分の吸収が早いため、ストップウオッチで時間を計る。

❸ 米を蒸す

前夜のうちに支度し、朝一番に行う作業。日本酒用の米は炊くのではなく、蒸す。炊くと米の水分量が多くなり、良い麹に仕上がらない。蒸すことで、麹の酵素が糖化

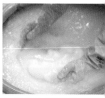
手洗い。米をざるに入れ、手で優しく丁寧に洗う。水の量や力の入れ加減が細かく調節できる。新政酒造では麹米は10kgずつ、ざるで洗う。

作用を受けやすくなる。蒸籠を大きくした甑という蒸し器を使う。約1トンの米を蒸す時間は1時間ほど。

また、連続蒸米機という、米をベルトコンベアで移動させながら蒸し上げる大型機械もある。蒸し上がった米は、麹米と掛米、酒母用と仕込み用に分けて使われる。麹米と掛米を別に蒸す蔵もある。

新政酒造では、麹米は四角い木製の蒸し器で別に蒸す。

❹ 放冷・米を冷やす

蒸し米を、次の作業に合わせて温度を下げる作業。

麹造りに使う麹米は30℃前後、掛米は5℃前後に冷ますなど、次の作業により、目的の温度が異なる。

床や台にすのこを置き、専用の布を敷いて蒸し米を広げて冷ます自然放冷と、冷風を送って蒸し米を冷やす放冷機を使う方法がある。

自然放冷

新政酒造では、麹蓋で麹を造る。1つの箱に1.5kgずつ盛る。

❺ 麹造り

酒造りは昔から、「一麹、二もと(酒母)、三造り(醪の発酵)」といわれ、酒造りで、最も重要な作業。麹室は温度と湿度が高い暖かな密室。別名製麹室。

酒造りに使う麹菌のことを、種麹またはモヤシと呼ぶ。

種麹には味噌用、醤油用、焼酎用など、様々な種類がある。日本酒は黄麹菌 Aspergillus oryzae を使う。黄とつくが、色はやや緑がかった微粉状。

衛生面で最も気を使う作業で、手をよく消毒してから入室する。使い捨ての食品用手袋をする蔵もある。

米麹ができるまで

……… 種付け ………
薄く広げた常温の蒸し米に麹菌をふる。その後、床もみと呼ばれる混ぜる作業を経て、布に包み、保温しながら10時間以上おく。高温多湿を保ち、麹菌を発芽させる。

……… 切り返し ………
保温した包みを開き、米のかたまりをほぐす。温度と湿度を一定にするため、揉むようにして米がパラパラになるまで、混ぜる。

……… 盛り ………
専用の箱に盛り分ける。一番小さな箱が麹蓋。何段にも重ね、布をかけて温度と湿度を保つ。

……… 仲仕事 ………
盛りから10時間以後に、仲仕事を行う。箱の上下を、2〜3時間おきに積み替えると同時に様子をチェックし、温度と湿度を調節。

……… 仕舞仕事 ………
仕舞仕事と呼ばれる最終段階を迎える。温度が上がった麹を混ぜて均一にする。米の表面に指で線を描き、温度の上昇を抑えながら、余分な水分をとばすように調節。
その後、麹室を出る。これを出麹と呼ぶ。菌糸を米の中心に食い込ませる突き破精麹が理想とされる。
近年は、深夜2〜3時間おきに行う仕事が大変なことから、温度と湿度を調節できる自動製麹機を使う蔵が増えている。

❻ 酒母造り

　「酛だて」ともいう酵母を大量培養させる作業。酒のスターターを造る大事な工程。

　酒母造りで必要なのは、酵母、乳酸、糖分の3つ!

　酵母はアルコール発酵を担当、乳酸は酵母以外の微生物を殺菌する。糖分は酵母のエサで、アルコールのもと。

条件を揃えるための酒母造りは3通り

生酛（きもと）

江戸時代に生まれた造り方。乳酸菌が乳酸を生成し、酵母以外の菌を死滅させ、酵母のみを純粋培養させる。半切桶に蒸し米と麹を入れ、手作業で摺りおろす。

山廃酛（やまはいもと）

明治時代後半に考案。生酛造りの作業の一つ、摺りおろす工程の通称「山卸し」を廃止したので、この名が。麹の酵素力を活用する汲み掛け作業で糖化を促す。
※生酛も山廃酛も自然に棲む乳酸菌が乳酸発酵し、乳酸を作る。期間はおよそ1カ月。山廃酛は生酛より、やや短い。

速醸酛（そくじょうもと）

明治時代後半に考案。市販の乳酸を添加する簡便な方法。乳酸菌による生成を待たないため、汚染の心配が減り、期間は半分以下と短く効率が良い。現在、市販酒の9割以上は速醸酛が占める。

酒母造りの一つ、生酛。手間がかかり、人間力が勝負。新政酒造では40日間かけて仕上げる。

❼ 並行複発酵・三段仕込み

　麹の酵素が米のデンプンを分解して糖分に変え、酵母が糖分をアルコールに変えて、糖化と発酵が並行して発酵が進むことから、並行複発酵と呼ばれる(ワインは単発酵、ビールは複発酵)。

　酒母に、蒸し米+麹米+水のセットを、3回に分けて加えるので三段仕込みという。1回目を初添え、2回目を仲添え、3回目を留添えと呼び、順番に加える量を2倍ずつ増やす。最終的に酒母の量の10倍以上に増やす。

　仕込んだものを、醪と呼ぶ。発酵が進むにつれて固体が液状化し、泡が増えて高く盛り上がる。次第に泡は落ち着く。アルコール度数が15度以上に上がるまで、3週間以上。約1カ月かけて発酵が終わる。

　ただし、良い酒ほど、低温で長期間発酵させるため、大吟醸は40日間かかることもある。

発酵が進むと、泡が増えプチプチと元気な音を立てる。タンク内は二酸化炭素が充満し、吸い込むと危険。醪に櫂棒を入れて、攪拌する。

❽ 上槽・搾って酒と粕に分ける

醪を濾して、日本酒と酒粕に分ける作業が上槽。搾り方は、大きく分けて2通り。槽または圧搾機を使う。

槽搾り＝槽の底のような形をした縦型の搾り機。醪を少しずつ布袋に詰め、その袋を互い違いに積み重ねてから搾る。最初は自重で酒が滴り、次に布袋を積み替えて、上から圧力をかけて搾る。手間がかかるが、わずかにおりがからみ優しい味になると、好む人が多い。

圧搾機＝大型のアコーディオンのような横型の搾り機で、何枚ものパネルが横に重なる。パネルの間に醪が送られ、エアーの力で圧をかけて搾る。パネル内に板状の酒粕が残る。短時間でスピーディーに搾れ、空気に触れる時間が短く、味が劣化しにくい。メーカー名から、ヤブタと呼ばれることも多い。現在、主流の搾り機。

その他の搾り方

袋吊り
醪を袋に詰め、タンクに紐で一つ一つ吊るす。別名、首吊り。圧力はかけず、自然に滴るのを待つ。人手が必要で、搾るのに時間がかかり、とれる酒の量は少ない。そのため、鑑評会出品酒や、一部の高級酒に用いられる。雫酒や雫取りの名で商品化されることも。

遠心分離機
高速回転して搾る超高級搾り機。1000万円以上と高額のうえ、少量しか搾れないなど課題も多く、全国でも数蔵しか保有していない。

搾った酒を濾過する or しない
搾った酒はわずかにおりを含み、劣化につながるため、沈殿させて取る。おり下げ剤（植物性タンパク、海藻等）を使う蔵も。おり下げ後に粉末の活性炭を入れる炭素濾過、ミクロフィルターを通す濾過などさまざま。良い酒ほど濾過をしない。無濾過と記載する酒も。

❾ 火入れ

搾りたての生酒は炭酸ガスを含み、フレッシュな味が楽しめる。だが、残存する微生物の活動により、風味がすぐに劣化。そこで、香味を保ち、品質を安定させるために火入れと呼ばれる加熱殺菌を行う。その温度は、酵母が殺菌され、麹の酵素が失活（働かなくなる）する62〜65℃。それ以上の高温だと風味が悪くなり、アルコールが蒸発してしまう。この低温殺菌の技術は室町時代から続く。

火入れ（＝加熱殺菌）のタイミングに変化。昔は、酒ができた時と、出荷時の2回火入れが当たり前だった。最近は、酒質を優先し、生酒を瓶詰めして、瓶ごと一度だけ加熱殺菌する方法が増えている（＝生詰めの酒）。生で貯蔵し、出荷の時に加熱殺菌する酒は生貯蔵。生酒は一度も加熱殺菌しない酒のこと。

加熱殺菌の様々な方法
- 瓶ごと湯につけ、温泉に入るように加熱殺菌。瓶燗と呼ばれる。
- 蛇管と呼ばれる螺旋状の配管を通して加熱殺菌。
- プレートヒーター＋熱交換器で加熱殺菌。
- パストライザーを通して加熱殺菌。最先端のパストライザーは自動で火入れと冷却を行う。高価な大型機械だが酒質は安定。

❿ 貯蔵

加熱殺菌した酒をタンク、または瓶に詰めて保存し、熟成させると、角がとれてまろやかになり味ものってくる。冬に醸した酒を、秋までおいて味が深まった酒を「秋上がり」と呼ぶ。また、3年以上、熟成させた長期熟成酒は独特の深みが出る。酒は多様化している。

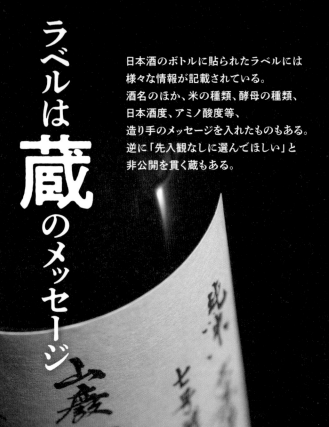

ラベルは蔵のメッセージ

日本酒のボトルに貼られたラベルには
様々な情報が記載されている。
酒名のほか、米の種類、酵母の種類、
日本酒度、アミノ酸度等、
造り手のメッセージを入れたものもある。
逆に「先入観なしに選んでほしい」と
非公開を貫く蔵もある。

写真は大阪・秋鹿酒造の山
廃純米ラベル。蔵元杜氏の
奥裕明さん自ら筆をとり、
細かくデータを書き表す。

ラベル（正面）

純米

七本鎗

近江 米原産

冨田酒造有限會社

九號E

ラベルの読み方

まずは純米か否か。次に原材料（普通酒にも米・米麹だけの酒あり）。そして生か火入れか。アルコール度数は？などなど。ナルホドがいっぱいあるのが日本酒の面白さ。特定名称酒は以下の太字が必須項目。蔵からのメッセージも見逃せない！

特定名称区分
精米歩合によって、純米、純米吟醸、純米大吟醸などに分かれる。p.16参照。

商品銘柄名
酒造メーカー名

シチ ホン ヤリ 七本鎗 平成25酒造年度	純米 14号酵母
原材料名	米（国産）・米こうじ（国産米）
酒米	滋賀県産玉栄100%使用 （滋賀県産酒造好適米使用）
精米歩合	麹米60%精米 掛米60%精米
アルコール度数	15度以上16度未満
日本酒度	+5　　酸度　1.8
酵母	協会1401号　容量　720ml
製造年月	2014年9月

琵琶湖の最北端、賤ヶ岳山麓の旧北国街道沿いで
歴史を刻む酒蔵、銘柄は賤ヶ岳の合戦で武功を立て
秀吉を天下人へと導いた加藤清正・福島正則ら七人
の若武者「賤ヶ岳の七本鎗」に因む。ラベルの字は
当家に退蔵した太古大器年山人の手による墨剣を使用

清酒

・この商品は一度だけ加熱処理をしておりますので
　冷暗所に保管願います
・お酒は二十歳になってから
・開栓後は早めにお飲みいただくようご注意下さい
滋賀県長浜市木之本町木之本1107
TEL　0749-82-2013　FAX　0749-82-5507

351

北近江の清酒
冨田酒造有限会社

ラベル（裏面）

「使用原料名」
精米歩合
アルコール度数

この他に

「日本酒度」…日本酒の比重を表し、糖分などのエキス分の含有量とアルコール含有量の比で決まる。糖分が多いとマイナス値が高く、少ないとプラス値が高くなり、甘口、辛口の判断の目安になる。ただし、甘い辛いは他の要素も影響するため、プラス値が高いから辛いとは一概にはいえない。

「アミノ酸度」…うまみ成分を示す。酒の中には20種類以上ものアミノ酸が含まれ、アミノ酸が多いほどコクのある太い味になる。大吟醸や吟醸クラスはアミノ酸度が低い傾向がある。

「酸度」…日本酒に含まれる有機酸は乳酸とコハク酸が主。酸といってもレモンのようなすっぱい味というよりは、うまみを含んだ酸味が特徴。平均1.3〜1.5[※]で、この数値より少ないとすっきり系、多いとコク系と言われる。

※日本酒10mlに含まれる有機酸を中和するのに必要な0.1N（規定）水酸化ナトリウム水溶液の滴定量（単位はml）。

「酵母」…米の糖分をアルコールに変えるのが、酵母の役割。ほとんどの場合は、日本醸造協会で純粋培養された酵母が使われている。酵母の種類により、リンゴやバナナ、ハーブのような香り、まるで香りを感じないものなど、様々な味の個性を生み出す。

「BY」…Brewery Yearの頭文字で日本酒の酒造年度の略。出荷時期ではなく、造られた時期。日本酒の年度は、7月1日から翌年6月30日まで。BYは新しいほどいいという意味ではなく、あえて熟成させてうまみをふくませ、飲み頃を待って出荷することもある。

「特定名称」を知る

日本酒のラベルに書かれている「吟醸酒」や「純米酒」「本醸造酒」などは、「清酒の特定名称」だ。特定名称を名乗るには、米は農産物検査法で格付けされた米を使うことが必要（山田錦でも格付けがないと名乗れず普通酒に）。そして原料、製造方法の違いで8種類に分類される。

具体的には、まず日本酒は大きく2系統に分けることができる。ひとつが、「米、米麹」が原料の「純米」タイプ。精米歩合の違いによって、純米酒、純米大吟醸酒、純米吟醸酒、特別純米酒に分けられる。もうひとつが、米、米麹、そして「醸造アルコール」が原料の「本醸造」タイプで、同様に大吟醸酒、吟醸酒、本醸造酒、特別本醸造酒に分けられる。

なお、「吟醸」を名乗るには、米を40％以上削る必要がある。

純米酒

一部の普通酒

と

醸造用
アルコール
入りの酒

特定名称酒
の大吟醸、
吟醸、本醸造。
普通酒、
合成清酒

純米酒ラベル

純米吟醸酒ラベル

特別本醸造酒ラベル

◉ 特定名称の分類

特定名称の清酒とは、吟醸酒、純米酒、本醸造酒をいい、それぞれ所定の要件に該当するものにその名称を表示することができる。

特定名称は、原料、製造方法の違いで8種類に分類される。

特定名称	使用原料	精米歩合	こうじ米 使用割合	香味等の要件
吟醸酒 （ぎんじょうしゅ）	米、米こうじ、醸造アルコール	60%以下	15%以上	吟醸造り、固有の香味、色沢が良好
大吟醸酒 （だいぎんじょうしゅ）	米、米こうじ、醸造アルコール	50%以下	15%以上	吟醸造り、固有の香味、色沢が特に良好
純米酒 （じゅんまいしゅ）	米、米こうじ	－	15%以上	香味、色沢が良好
純米吟醸酒 （じゅんまいぎんじょうしゅ）	米、米こうじ	60%以下	15%以上	吟醸造り、固有の香味、色沢が良好
純米大吟醸酒 （じゅんまいだいぎんじょうしゅ）	米、米こうじ	50%以下	15%以上	吟醸造り、固有の香味、色沢が特に良好
特別純米酒 （とくべつじゅんまいしゅ）	米、米こうじ	60%以下又は特別な製造方法	15%以上	香味、色沢が特に良好
本醸造酒 （ほんじょうぞうしゅ）	米、米こうじ、醸造アルコール	70%以下	15%以上	香味、色沢が良好
特別本醸造酒 （とくべつほんじょうぞうしゅ）	米、米こうじ、醸造アルコール	60%以下又は特別な製造方法	15%以上	香味、色沢が特に良好

◉ 精米歩合とは

白米のその玄米に対する重量の割合。精米歩合60%は、玄米の表層部を40%削り取ることをいう。米の胚芽や表層部には、タンパク質、脂肪、灰分、ビタミンなどが多く含まれる。清酒の製造に必要な成分だが、多すぎると清酒の香りや味を悪くする。米を清酒の原料として使う時は、精米によってこれらの成分を少なくした白米を使う。一般家庭で食べる米は、精米歩合92%程度の白米（玄米の表層部を8%程度削り取る）。清酒の原料とする米は、精米歩合75%以下の白米が多く用いられる。特定名称の清酒に使用する白米は、

農産物検査法によって、3等以上に格付けされた玄米又はこれに相当する玄米を精米したもの

に限られる。

◉ こうじ米とは

米こうじ（白米にこうじ菌を繁殖させたもので、白米のでんぷんを糖化させることができるもの）の製造に使用する白米をいう。

特定名称の清酒は、こうじ米の使用割合が、15%以上のものに限られる。
（白米の重量に対するこうじ米の重量の割合）

国税庁「清酒の製法品質表示基準」より

日本酒は、光と温度に気をつけて！

生酒は必ず冷蔵庫へ

ワイン以上に日本酒はデリケートと思った方が良い。生酒タイプは冷蔵で保管するのが必須だが、その他の日本酒も温度の高いところや、直射日光、照明など紫外線の影響を受ける場所では、色や香り、味が著しく劣化する。特に透明瓶は最も注意が必要。火入れ酒でも保管は光の当たらない涼しいところが鉄則。

日本酒の賞味期限

アルコール分を含む日本酒は、未開栓であれば、腐ることはない。光と温度を遮断し、いい状態で貯蔵すれば10年、20年でもOK。長期熟成酒も楽しい。

新聞紙ラッピング

p.129で紹介の「義侠」蔵元は、約30年前に、新聞でラッピングすることを始めた。当時は地酒の品質が世の中に認知されておらず、管理が行き届いていなかったため、自衛で品質管理したという。遮光性が高く、安価で対応でき、購入した頃もわかる新聞紙ラッピングはマネしたいテクニック。

北海道・東北の酒

　北海道は、日本酒蔵が少なかったが、近年、酒造免許を移転して開業する酒蔵が現れている。酒米あり、水も豊富、マイナス気温が続く寒冷気候は雑菌汚染も少なく醸造に最適だ。東北は酒質のきれいさに定評がある。穀倉地帯を背景に、酒米の品種開発に各県が励み、秋田酒こまち、出羽燦々、蔵の華、結の香、福乃香など吟醸向きの米が揃う。また、亀の尾や陸羽132号など昔の米もある。醸造技術のカリスマ指導者の存在も大きい。福島は県ハイテクプラザで学ぶ蔵人が増え、全国新酒鑑評会で金賞受賞数日本一を誇る。宮城や秋田は金賞受賞率一位の記録を持つ。醸造技術や、酵母の開発など技術開発に余念がない銘醸地域。

19

大雪山の麓、極寒の町で
北海道の米力を生かす純米蔵

上川大雪

かみかわたいせつ

北海道　上川大雪酒造株式会社
kamikawa-taisetsu.co.jp/

　地球温暖化に伴い、寒造りの適地と言われ始めた北海道。冬場は－20℃にも下がる寒冷地、大雪山の麓の上川町で、2017年創業の新しい酒蔵。北海道産の酒米、彗星、吟風、きたしずくを使い、純米酒のみを醸す。仕込み水は万年雪を冠する大雪山系伏流水。天然水の味わいそのままに、きれいでしなやかな酒質を誇る。札幌国税局新酒鑑評会で金賞、フランスの鑑評会でプラチナ賞を受賞するなど高評価。産学官連携に取り組み、帯広畜産大学内や函館の廃校跡地に蔵を建設。網走にも新蔵を計画中。シンボルマークはアイヌ文様をモチーフに日本酒の五味を表現。

定番の1本

清楚な含み香。
心地よい切れ味の看板酒

上川大雪 特別純米

普通 ミディアム 温度 6℃〜常温

◎ 麹米＆掛米：北海道産酒造好適米 60%
AL 16.0度
¥ 1,760円（720mℓ）

季節の1本（販売期間:7月〜）

白麹で醸す切れ良い純米吟醸

SHIRO

やや甘口 ミディアムライト
温度 6〜10℃

◎ 麹米＆掛米：北海道産酒造好適米 50%
AL 14.0度 ¥ 1,800円（720mℓ）

酒蔵おすすめの1本

地元・上川限定のレアな純米酒

神川 純米

普通 ミディアムフル
温度 冷酒から燗まで

◎ 麹米＆掛米：北海道産酒造好適米 70%
AL 15.0度 ¥ 1,200円（720mℓ）

蔵DATA
●創業年：2017年（平成二十九年）　●蔵元：塚原敏夫 初代　●総杜氏：川端慎治
●住所：北海道上川郡上川町旭町25番地1

ニセコの小さな酒蔵が、地の酒米で醸す力強い味

二世古 にせこ

北海道　有限会社二世古酒造　nisekoshuzo.com/

　三代目の水口渉さんが2005年に蔵を継いで杜氏になり、目指したのは本当の地酒。地元農家に北海道の酒造好適米である彗星ときたしずくの作付けを依頼し、名水百選の羊蹄山のふきだし湧水を仕込み水に、豪雪環境を生かした低温発酵で醸す。淡白な味が多い北海道酒では珍しく、力強い味で飲み応え十分。

定番の1本
北海道産酒米きたしずくの辛口純米

二世古 純米酒

やや辛口　ミディアムライト　温度 冷酒から燗まで

麹米＆掛米：きたしずく 60%　AL 15.5度
¥ 2,329円(1.8ℓ)

蔵DATA ●創業年：1916年(大正五年)　●蔵元：水口 汪 二代目　●杜氏：水口 渉　●住所：北海道虻田郡倶知安町字旭47番地

岐阜から北海道へ！新天地で醸す公設民営型の酒蔵

三千櫻 みちざくら

北海道　三千櫻酒造株式会社　michizakura.jp/

　大雪山の雪解け水が伏流する東川町は、蛇口をひねれば天然水が出るほど豊富で、稲作が盛ん。両者で名産品をと町が酒蔵を公募。応じたのが、未来もうまい酒を願った岐阜県中津川市の三千櫻酒造。蔵元と蔵人が1550km引越し、東川町の酒米で2020年から醸造開始。新天地、新境地で美酒を醸す。

定番の1本
透明感と切れ、味幅もあり食中に最適

三千櫻 純米大吟醸 彗星45

やや辛口　ミディアムライト　温度 10〜48℃

麹米＆掛米：彗星 45%　AL 16.0度
¥ 1,745円(720mℓ) 3,409円(1.8ℓ)

蔵DATA ●創業年：1877年(明治十年)頃　●蔵元：山田耕司 六代目　●総杜氏：山田耕司 能登杜氏　●住所：北海道上川郡東川町西2号北23

日本酒の原点、風格ある本物の酒

田酒 でんしゅ

青森県 株式会社西田酒造店
www.densyu.co.jp

　本州最北端近く、青森市発祥の地といわれる油川大浜の蔵。田んぼ以外の生産物である醸造用アルコール、醸造用糖類は不使用。きめ細やかな米のうまみが美しく味わえる純米酒が田酒だ。1974年に発売されたロングセラーで、原料米のほとんどは地元青森県産米を使用。特に全国でも田酒でしか使用していない古城錦を、蔵人の圃場で栽培している。食材に恵まれた青森の酒だけあって、吟醸系は青森市のヒラメなど白身の魚、純米系は大間のマグロやカツオなど赤身の魚とも好相性だ。

定番の1本
華吹雪の米の味がしっかり楽しめる料理選ばずの米酒

田酒 特別純米

普通 ミディアムフル 温度 10℃以下、40℃以上

◎ 麹米＆掛米：華吹雪 55%
AL 15.5度
¥ 1,325円(720ml) 2,700円(1.8ℓ)

季節の1本 (販売期間：5月〜7月)
酒米・華想い、昔の名前で登場

田酒 純米大吟醸 百四拾

普通 フル
温度 10℃以下

◎ 麹米＆掛米：華想い 40%　AL 16.5度
¥ 3,000円(720ml) 5,500円(1.8ℓ)

酒蔵おすすめの1本 (販売期間：7月)
復活栽培古城錦は田酒オリジナル

田酒 純米吟醸 古城乃錦

普通 ミディアムフル
温度 10℃以下

◎ 麹米＆掛米：古城錦 50%　AL 15.5度
¥ 1,800円(720ml)

蔵DATA
●創業年：1878年(明治十一年)　●蔵元：西田 司 五代目　●杜氏：安達 香・外ヶ濱流
●住所：青森県青森市油川大浜46

イカ釣漁港の町のレンガ蔵、透明感ある魚介に合う酒

陸奥八仙

むつはっせん
青森県　八戸酒造株式会社
mutsu8000.com/

　海から拓けた歴史を持つ八戸。東廻り航路開通で寒村が一大港町になり、漁港としても栄えイカの水揚げ量は日本一。八戸酒造は海路で八戸入りした近江商人、駒井庄三郎さんが1775年に創業。イカを筆頭に魚介に合う酒質設計を目指している。その鍵はクエン酸にあり！　日本酒の酸味は乳酸主体だが、焼酎用白麹が生み出す天然クエン酸を生かした独自の醸造法で、大吟醸を含む全ての酒を醸す。柑橘系の爽やかさとうまみがあり魚介とよく合う。米と水、酵母までもが青森県産。契約田を増やし農家との連携も強固。青森の米力と醸造力で挑む。

定番の1本
果実のような華やかな香りが広がり口当たりまろやか

陸奥八仙 赤ラベル
特別純米

普通　ミディアム　温度 5〜10℃

◎ 麹米：青森県産米55%、
　掛米：青森県産米60%
AL 16.0度
¥ 1,600円（720㎖）3,000円（1.8ℓ）

季節の1本（販売期間：7月〜）
柔らかくきめ細かい純米の泡

陸奥八仙
natural sparkling

やや甘口　ミディアムライト
温度 5〜10℃

◎ 麹米＆掛米：非公開　AL 13.0度
¥ 1,500円（500㎖）

酒蔵おすすめの1本
瓶内二次発酵したドライな味

陸奥八仙 8000
DRY SPARKLING

辛口　ミディアム
温度 5〜10℃

◎ 麹米＆掛米：非公開　AL 12.0度
¥ 6,000円（750㎖）

蔵DATA　●創業年：1775年（安永四年）　●蔵元：駒井庄三郎 八代目　●杜氏：駒井伸介 ●
住所：青森県八戸市大字湊町字本町9番地

岩木山麓で醸す豊盃米の酒は、津軽リンゴのフルーティな香り

豊盃 ほうはい

青森県 三浦酒造株式会社
www.houhai.jp

「豊盃」の由来は、津軽地方の異色の民謡「ホーハイ節」から。弘前の町は、東に八甲田連峰、西に岩木山、南に世界遺産の白神山地が連なる、自然に恵まれた地域だ。日本一の桜の名所、弘前公園もあり、四季折々多くの観光客で賑わう。津軽リンゴのような香りがあり、一日の疲れを「ほー」と癒やす甘みある味わい。まろやかで後味スッキリ。原料米は全国でもこの蔵だけの酒米、豊盃をはじめ、青森の代表酒米品種華吹雪、華想いなど、良質な契約栽培米にこだわっている。蔵元の三浦兄弟が杜氏を務め、うまみのある酒を醸す。

定番の1本

酒銘と同じ豊盃米、独特の深い味とコクで鰊切込みとも好相性

**豊盃 純米吟醸
豊盃米55**

やや辛口 ミディアム 温度 5℃

◎ 麹米＆掛米：豊盃 55%
AL 15.0～16.0度
¥ 1,700円(720ml) 3,250円(1.8ℓ)

季節の1本 (販売期間：12月～)

純米酒向き華吹雪で芳醇生酒

**豊盃 純米しぼりたて
生酒**

辛口 フル 温度 2℃

◎ 麹米：華吹雪 55%、掛米：華吹雪 60%
AL 16.0度 ¥ 1,500円(720ml) 3,000円(1.8ℓ)

酒蔵おすすめの1本

美しい香りと重層性、長い余韻

**豊盃 純米大吟醸
(こぎん刺し模様)**

やや辛口 ミディアム
温度 2℃

◎ 麹米＆掛米：山田錦39% AL 15.0度
¥ 3,750円(720ml) 7,300円(1.8ℓ)

蔵DATA ●創業年：1930年(昭和五年) ●蔵元：三浦剛史 五代目 ●杜氏：三浦文仁
●住所：青森県弘前市石渡5-1-1

南部杜氏のメッカ厳寒の地、石鳥谷で醸される旨酒

酛右衛門

よえもん

岩手県　合資会社川村酒造店
homepage1.nifty.com/nanbuzeki/

　日本屈指、最大の杜氏集団が南部杜氏。その南部杜氏の根拠地、岩手県花巻市石鳥谷町に蔵を構えてはや100年。南部藩時代から、名杜氏を輩出してきたこの郷は、県内有数の米の産地だ。使用する原料米は、自家田産美山錦や契約栽培の亀の尾など、石鳥谷産の米が中心。冬の寒さが厳しく、最低気温が−15℃まで下がるため、醪の温度管理に最も心をくだく。寒さに鍛え抜かれて醸された味わいは、旨口でありながら、飲み疲れしない。クリアで切れも良く、香りは穏やか。海まで70kmもあるのに、なぜか太平洋の魚介にもよく合う。

定番の1本
オール吟ぎんが7号酵母仕込み
いぶし銀のうまみが魚と合う

**酛右衛門 特別純米酒
吟ぎんが 火入れ**

やや辛口　ミディアム　温度 15℃

麹米＆掛米：吟ぎんが 50%
AL 15.5度
¥ 1,400円(720mℓ) 2,900円(1.8ℓ)

季節の1本 (販売期間：12月〜3月)
高めの温度推奨の微発泡生原酒

**酛右衛門 特別純米酒
美山錦 直汲み生原酒**

普通　ミディアム　温度 15℃

麹米＆掛米：美山錦 55%　AL 17.5度
¥ 1,400円(720mℓ) 2,800円(1.8ℓ)

酒蔵おすすめの1本
軽やかで複雑な香味が潜む

**酛右衛門 純米酒
亀の尾 火入れ**

やや辛口　ミディアムライト
温度 15℃

麹米＆掛米：亀の尾 60%　AL 15.5
度 ¥ 1,600円(720mℓ) 3,200円(1.8ℓ)

蔵DATA
●創業年：1922年(大正十一年)　蔵元：川村直孝 四代目　●杜氏：三上哲生・南部流　●住所：岩手県花巻市石鳥谷町好地12-132

岩手のテロワールを詰め込み
世界を目指す酒

南部美人

なんぶびじん
岩手県　株式会社南部美人
www.nanbubijin.co.jp

その昔南部と称した二戸市。きれいな美しい酒を造りたいと志して、「南部美人」と命名。原料米は、岩手県オリジナルの酒造好適米ぎんおとめや結の香を中心に使用。中でもぎんおとめは岩手県北だけで栽培される酒米で、地元の営農組合に契約栽培を依頼し、100%を使用。米を潰さないよう、「手もと法」で酒母の中の米と米麹を両手でよく混ぜるなど、昔ながらの丁寧な仕込みを心がける。本社蔵と馬仙峡蔵の2蔵体制で、さまざまな鑑評会で連続受賞、2017年IWCチャンピオン・サケも受賞。世界初、ヴィーガン認証、NON GMOの認証蔵。

定番の1本
唯一無二、地元栽培ぎんおとめの酒、果実風な香りがふっくら

南部美人 特別純米酒

`やや辛口` `ミディアム` `温度` 0～45℃

Ⓜ 麹米＆掛米：ぎんおとめ 55%
`AL` 15.0度
¥ 1,600円(720㎖) 2,800円(1.8ℓ)

季節の1本 (販売期間：9月～12月)
伝統的な秋上がり味が楽しめる

南部美人 純米吟醸 ひやおろし

`辛口` `ミディアムフル`
`温度` 0～55℃

Ⓜ 麹米：ぎんおとめ 50%、掛米：美山錦 55%
`AL` 17.0度 ¥ 1,900円(720㎖) 3,500円(1.8ℓ)

酒蔵おすすめの1本
イメージは酒米心白、きれいで華美

南部美人 心白 純米吟醸 山田錦

`やや辛口` `ミディアム`
`温度` 0～10℃

Ⓜ 麹米＆掛米：山田錦 50% `AL` 16.0度
¥ 1,850円(720㎖) 3,400円(1.8ℓ)

蔵DATA ●創業年：1902年(明治三十五年) ●蔵元：久慈浩介 五代目 ●杜氏：松森淳次・南部流 ●住所：岩手県二戸市福岡上町13

石巻墨廼江、水の神様も喜ぶ!?
気品溢れるきれいな味

墨廼江
すみのえ
宮城県 墨廼江酒造株式会社

　東北きっての漁獲高を誇る港町石巻。江戸時代には、北上川の支流、墨廼江川があった。この地で海産物問屋を営んだ初代が、やがて酒造業も手掛けたのが蔵の始まりだ。北上川の伏流水と宮城県酵母で仕込み、上質な酒にこだわり、造りの全量が特定名称酒。控えめな果実に似た香り。きれいで柔らかく、透明でフレッシュ感ある切れの良い酒で、全く飲み飽きない。原料米は、兵庫県産山田錦、福井県産五百万石、宮城県産蔵の華、八反錦、雄町等。米の特徴を生かして酒を造り分けている。鮮度の良い魚介類と最高の相性だ。

定番の1本
四半世紀を経ても人気、エレガントでリッチな墨廼江の代表酒

墨廼江 特別純米酒

やや辛口 ミディアム 温度 10〜40℃

◎ 麹米＆掛米：五百万石 60%
AL 15.5度
¥ 1,200円(720㎖)　2,400円(1.8ℓ)

季節の1本 （販売期間：11月）
原酒を氷温で約1000日熟成

墨廼江 純米
大吟醸 別吟

普通 ミディアムフル
温度 10〜20℃

◎ 麹米＆掛米：山田錦 40%　AL 16.5度
¥ 5,000円(720㎖)

酒蔵おすすめの1本
宮城出身の大横綱の名に恥じぬ酒

墨廼江 純米大吟醸
谷風

普通 ミディアムフル
温度 10〜20℃

◎ 麹米＆掛米：山田錦 40%　AL 16.5度
¥ 2,650円(720㎖) 5,400円(1.8ℓ)

蔵DATA　●創業年：1845年(弘化二年)　●蔵元：澤口康紀 六代目　●杜氏：澤口康紀・自社流　●住所：宮城県石巻市千石町8-43

「鮨王子」蔵元が研究を重ねた
鮨専用の辛口美酒

日髙見 <small>ひたかみ</small>

宮城県 株式会社平孝酒造

　石巻港近くの酒蔵。通称鮨王子と呼ばれる蔵元が、新鮮な刺身に合うようこだわって造った作品。蔵元は造る酒を作品と呼ぶ。魚の臭みを消すほのかな香りを持ち、魚の味に寄り添いながら、その味を引き立てる。「魚でやるなら日髙見だっちゃ！」と蔵元。酒としての自己主張もシッカリあり、上品で柔らかい酒質が特徴。世界有数の漁場、金華山沖は、近隣の山に保全された雑木林が多く、山の養分が流れ込んで海を豊かにしている。海の幸がおいしい秘密は山の水にあった。その牡鹿半島系伏流水を仕込み水に使う日髙見の酒、魚介にはこの上ない相性。

定番の1本
鮨との相性を考えて造った
作品番号第一番！

日髙見 超辛口純米酒

辛口 ミディアム 温度 12〜45℃

◎ 麹米＆掛米：ひとめぼれ 60%
AL 15.0〜16.0度
¥ 1,200円（720mℓ）　2,500円（1.8ℓ）

季節の1本
昆布〆した海老にも最高

日髙見 山田錦
秋あがり

普通 ミディアムフル
温度 12〜45℃

◎ 麹米＆掛米：山田錦 60% AL 16.0
〜17.0度 ¥ 2,800円（1.8ℓ）

酒蔵おすすめの1本
白身魚やイカの甘みにドンピシャリ

日髙見 純米吟醸
弥助

やや辛口 ミディアムフル
温度 12〜45℃

◎ 麹米：蔵の華 50%、掛米：蔵の華 60%
AL 16.0〜17.0度 ¥ 3,000円（1.8ℓ）

蔵DATA ●創業年：1861年（文久元年）●蔵元：平井孝浩 五代目 ●杜氏：奥原秀樹・南部
流社員杜氏 ●住所：宮城県石巻市清水町1-5-3

握ったらお茶じゃなく、日本酒でしょ!

—— 日高見・蔵元　平井孝浩 ——

　日本に伝わった頃のすしは、馴れずしと呼ばれ、ご飯は食べず魚だけを食べていました。時代が進み、ご飯とネタを一緒に食べる早やすしが誕生。馴れすしのおいしさの秘密は「馴れ味」コハク酸。そこで、日本酒の登場です。日本酒の酸度「有機酸」にはコハク酸が多く含まれます。早やすしを食べながら日本酒を飲めばコハク酸(馴れ味)がプラスされ、相乗効果でおいしくなります。日本酒は魚の生臭みも消すので、酒とすしの相性は格別!

　酒とすしの相性を考えた時に、楽しいのが、酒のタイプ別アプローチ。すしネタも白身から赤身、甲殻類、頭足類、魚卵系、穴子等様々なネタがあり、相性が変わります。白身は繊細な甘み、赤身は酸味が特徴。白身に合わせる場合、繊細な甘みがキーワードなので、酒はアミノ酸が低めで、酸度もアミノ酸と同量くらいなもの、グルコース濃度も酸度を超えないものがベストマッチ。赤身の場合はアミノ酸がやや多めで、酸度とグルコース濃度も同量程度を。「弥助」純米吟醸は白身、甲殻類、イカ、貝類の甘みを引き上げるような味の設計。ツメを塗った穴子の相性は覚醒ものです(笑)。青背から赤身は超辛口純米が合い、純米大吟醸「弥助」ひょうたんボトルは、付け場に佇む親方をイメージ。堂々としていますが、本当はガラスのような繊細な気持ちで、お客様のために一生懸命握っている親方たち。最高の酒米を磨いて酒にしました。日本酒とおすしのマリアージュを楽しんで下さい。

日高見 純米大吟醸 弥助

| 普通 | ミディアムフル | 温度 | 11〜13℃ |

◎ 麹米＆掛米：山田錦 40%

AL 16.0〜17.0度　¥ 8,000円(720mℓ)

宮城の米処高原、
小僧山水で仕込んだ米力強き旨酒

綿屋

わたや
宮城県 金の井酒造株式会社
www.kanenoi.co.jp/

　宮城県最北端栗原市一迫の蔵。真冬の朝は息も凍る－19℃まで下がる寒冷気候、農家と土作りから考えた米と小僧山水の天然水、環境を最大限に活用し「ここでしか出来ない酒」を醸す。「綿屋」というだけあり、綿のようにフワっとした丸みある口当たり。純米でしっかりした味わいがありながら、余韻がスッと切れて美しい。穏やかな洋梨風の果実香が特徴。料理に寄り添う食中酒であり、料理と仲睦まじい食仲酒でもある。漢方米や有機栽培米にも力を入れ、中でも30年以上有機栽培を実践する黒澤米山田錦の酒が奥深い魅力と評判だ。

特別純米酒

綿屋

製造者
金の井酒造株式会社
宮城県栗原市一迫字川口町浦一番地

日本酒

内容量720ml

定番の1本

グリーンハーブの香りと、ふくよかな
余韻が続く食中酒

綿屋 特別純米酒
美山錦

やや辛口 ミディアムライト 温度 10〜30℃

麹米＆掛米：美山錦 55%
AL 15.0度
¥ 1,400円(720ml) 2,800円(1.8ℓ)

季節の1本 (販売期間：8月〜12月)
おもてなし仕様の低アルコール酒

アペリティフ綿屋倶
楽部 ピンクラベル

甘口 ミディアム
温度 10℃

麹米＆掛米：おもてなし 60% AL 8.0度
¥ 1,200円(500ml)

酒蔵おすすめの1本
漢方米使用、濃い料理とも好相性

綿屋 特別純米酒
幸之助 院殿

やや辛口 ミディアムライト
温度 10〜55℃

麹米＆掛米：ひとめぼれ 55% AL 15.0
度 ¥ 1,400円(720ml) 2,800円(1.8ℓ)

蔵DATA
●創業年：1915年(大正四年) ●蔵元：三浦幹典 四代目 ●杜氏：鎌田修司・南部
流 ●住所：宮城県栗原市一迫字川口町浦1-1

伝統の技と最新技術を
最大限に生かす酒造り

萩の鶴
日輪田

はぎのつる
ひわた

宮城県　萩野酒造株式会社　www.hagino-shuzou.co.jp

「萩の鶴」と「日輪田」淡い酒と濃い酒、2種類の酒を醸し分けている。宿場町の栗原市金成有壁の旧名「萩野村」から「萩の鶴」と命名。宮城らしいスッキリ軽快に仕上げた酒だ。もう一方は古代の神に捧げる穀物を育てた丸い田から「日輪田」と命名。山廃仕込みだったが、令和2BYより全量生酛仕込みになり、新しい価値を創造する。米のうまみを重視し、濃いくち料理にも適す。最新の醸造技術と伝統の技も大事にしつつ、猫の酒やめがね専用の酒などユニークな商品も開発。日本酒に親しみのなかった層へ楽しくアプローチする。

定番の1本
美山錦の良さを極限まで仕上げた
萩の鶴のスタンダード

萩の鶴 純米吟醸

やや辛口　ミディアムライト　温度 5〜15℃

◎ 麹米＆掛米：美山錦 50%　AL 15度
¥ 1,500円(720mℓ)　3,000円(1.8ℓ)

特別な1本
山廃造りを現代的に仕上げた一品

日輪田
山廃純米大吟醸

中口　ミディアムフル
温度 10〜20℃

◎ 麹米＆掛米：雄町 45%　AL 16度
¥ 2,300円(720mℓ)　4,500円(1.8ℓ)

酒蔵おすすめの1本
季節ごとの猫が楽しませてくれる限定品

萩の鶴 純米吟醸
別仕込

甘口　ミディアム
温度 3〜10℃

◎ 麹米＆掛米：美山錦 50%　AL 15度
¥ 1,500円(720mℓ)　3,000円(1.8ℓ)

蔵DATA

●創業年：1840年（天保十一年）　●蔵元：佐藤曜平 八代目　●杜氏：佐藤善之
南部流　●住所：宮城県栗原市金成有壁新町52

蔵王山麓の蔵が贈る、香りと甘さを控えた究極の食中酒

愛宕の松
伯楽星

あたごのまつ
はくらくせい

宮城県　株式会社新澤醸造店　niizawa-brewery.co.jp/

　2011年秋、蔵王連峰の大自然に囲まれた雪深い山間部に移転した。蔵敷地内から湧き出る良質の地下天然水を仕込み水に使う。最新鋭の精米工場を建て、高精米も得意とし、最新式扁平精米機、ダイヤモンド精米機で酒米を丁寧に磨き上げる。進化する究極の食中酒を目指し、あえて香りと甘さを控えた酒質設計。クリアーで品の良い果実香と切れの良さは、和洋中さまざまな料理を引き立てる。軽快できれいな味わいゆえ、もう一杯とついつい杯が進む。杜氏はじめ女性が活躍する酒造りを推進。日本酒醸造の技術を活かした県産原料のリキュールも人気。

定番の1本
伯楽星コンセプトの指針、工夫で手軽な価格を実現した純吟

伯楽星 純米吟醸

辛口 ライト 温度 5～10℃

麹米＆掛米：蔵の華 55%

AL 15.5度

¥ 1,500円(720mℓ) 2,725円(1.8ℓ)

季節の1本 (販売期間：5月末～8月)
甘さと酸味が共鳴、夏にピッタリ

愛宕の松 純米吟醸 ひと夏の恋

辛口 ライト 温度 5～8℃

麹米＆掛米：ひとめぼれ 55% AL 15.5度 ¥ 1,700円 (720mℓ) 2,720円(1.8ℓ)

酒蔵おすすめの1本
蔵最高峰。桐箱入りの高級美酒

伯楽星 純米大吟醸 東条秋津山田錦

辛口 ライト 温度 5～10℃

麹米＆掛米：山田錦 29% AL 15.5度 ¥ 5,000円(720mℓ) 10,000円(1.8ℓ)

蔵DATA ●創業年：1873年(明治六年) ●蔵元：新澤巖夫 五代目 ●杜氏：渡部七海 ●住所：宮城県大崎市三本木字北町63

酒造好適米の酒質を超越する蔵。
ササニシキや明治三大品種も醸す

乾坤一 けんこんいち

宮城県 有限会社大沼酒造店

　古き東北の商都、小京都村田町で1712年に創業した老舗蔵。国の重要伝統的建造物群保存地区に立つ。地元の米を生かしてこそ地酒と考え、宮城県産米中心の酒造りに力を入れる。中でもメインは宮城が生んだササニシキ。地元農家と連携し、上質な米を確保。ササニシキは、酒米なのかと勘違いするほどのクオリティの高さを誇る。また、ササニシキの父米ササシグレ、明治時代の三大品種である愛国、亀の尾、神力。宮城県が開発した酒造好適米の吟のいろはも使用。口当たりやわらかで、切れもあり、どんな温度でもおいしい酒を醸す。

定番の1本
ササニシキの二度火入れ。
きれいで落ち着いた旨辛口

乾坤一 特別純米辛口

やや辛口　ミディアム　温度 10〜45℃

◎ 麹米＆掛米：ササニシキ 55%
AL 15.0度
¥ 1,250円(720㎖)　2,500円(1.8ℓ)

季節の1本 （販売期間：9月〜10月）
フレッシュ＆フルーティな秋の酒

乾坤一 ひやおろし 純米吟醸原酒

やや甘口　ミディアムライト
温度 10℃

◎ 麹米＆掛米：山田錦 50%　AL 17.0度
¥ 1,600円(720㎖) 3,200円(1.8ℓ)

季節の1本 （販売期間：1月〜3月）
ササニシキ50% 精米の純米吟醸酒

乾坤一 純米吟醸 原酒冬華

普通　ミディアムライト
温度 10〜20℃

◎ 麹米＆掛米：ササニシキ 50%　AL 17.0度
¥ 1,500円(720㎖) 3,000円(1.8ℓ)

蔵DATA　●創業年：1712年（正徳二年）　蔵元：大沼 健 十七代目　●杜氏：菅野幸浩・南部流　●住所：宮城県柴田郡村田町字村田56-1

きれいで控えめ、食に寄り添う
オールマイティな純米酒

山和

やまわ
宮城県　株式会社山和酒造店

山形と宮城の県境に聳える船形山系の伏流水に恵まれた田園地帯。ブナの森など自然豊かな地域に山和の蔵はある。山和は全て純米酒で、乾杯に向く大吟醸酒、キリッとシャープな吟醸酒、まろやかで温めてもよい特別酒と、コース料理にも対応。仕込み水は、船形山系の伏流水で、軟水でやわらかい口当たり。香りの特徴は、爽やかな吟醸香で、スッキリとした酸、雑味なく透明感のあるきれいで優しい味わい。香味とうまみのバランスが取れて、スーッと体に染み渡る。特別名称酒が9割を占める、高品質蔵。

定番の1本
宮城開発の蔵の華を宮城酵母で醸した、オール宮城酒

山和 特別純米

`やや辛口` `ミディアムライト` `温度 0〜45℃`

◎ 麹米＆掛米：蔵の華 60%
AL 15.0度
¥ 1,250円（720mℓ）　2,500円（1.8ℓ）

季節の1本（販売期間：12月〜）
山和唯一の生酒、12月に予約販売

山和
純米吟醸
無濾過生原酒

`やや甘口` `ミディアムフル` `温度 0〜15℃`

◎ 麹米＆掛米：美山錦 50%　AL 16.0度
¥ 1,500円（720mℓ）　3,000円（1.8ℓ）

酒蔵おすすめの1本
蔵元が晩酌に飲むエレガント純吟

山和 純米吟醸

`普通` `ミディアム`
`温度 0〜15℃`

◎ 麹米＆掛米：美山錦 50%　AL 15.0度
¥ 1,500円（720mℓ）　3,000円（1.8ℓ）

蔵DATA　●創業年：1896年（明治二十九年）　●蔵元：伊藤大祐 七代目　●杜氏：伊藤大祐
●住所：宮城県加美郡加美町南町109-1

34

近代的醸造蔵でワイン好き蔵元が造る
美しい切れ味の新世代日本酒

ゆきの美人
ゆきのびじん
秋田県　秋田醸造株式会社

　三代目の小林忠彦さんは老朽化した酒蔵をマンションに建て替え、コンパクトで機能的な小さな酒蔵をゼロから設計。理想の酒を求めて自ら杜氏になり、軽やかで美しい酒質を目指した。銘柄を「ゆきの美人」と命名し、その名の通り、透明感と冷涼感があり、酸味を軸とした切れ味が印象的な美しい酒を醸す。酒造りは少量仕込みで、麹造りは伝統的な杉製の麹蓋を使う。一般的な日本酒は最後に濾過して調整するが、それをしなくてもすむピュアな酒に仕上げる。蔵は通年で醸造でき、毎月のように新酒が出るが、特に真夏のスパークリング新酒が大人気だ。

定番の1本
美郷錦のうまみと秋田酒こまちの
切れあるシャープな味が調和

純米大吟醸 ゆきの美人

`やや辛口` `ミディアム` `温度` 5〜18℃

◎ 麹米：美郷錦 45%
　掛米：秋田酒こまち 45%
AL 16.0度
¥ 2,200円（720㎖）4,200円（1.8ℓ）

季節の1本（販売期間：6月〜8月）
四季醸造蔵ならではの夏搾り生

純米吟醸 ゆきの美人
夏吟醸生

`やや辛口` `ミディアムライト`
`温度` 10〜18℃

◎ 麹米：山田錦 55%、掛米：秋田酒こまち 55%
AL 16.0度 ¥ 1,500円（720㎖）2,900円（1.8ℓ）

酒蔵おすすめの1本（販売：年4回）
上品な吟醸香、透明感ある美酒

純米吟醸
ゆきの美人

`やや辛口` `ミディアムライト`
`温度` 10〜18℃

◎ 麹米：山田錦 55%、掛米：秋田酒こまち 55%
AL 16.0度 ¥ 1,500円（720㎖）2,900円（1.8ℓ）

蔵DATA　●創業年：1919年（大正八年）●蔵元：小林忠彦 三代目 ●杜氏：小林忠彦・蔵元流 ●住所：秋田県秋田市楢山登町5-2

地域と伝統を源から。
自然農の米、生酛、木桶、純米造りで

新政 あらまさ

秋田県　新政酒造株式会社
www.aramasa.jp

　1930年、新政酒造で分離された6号酵母は、低温発酵の吟醸造りを可能にし全国の蔵で使われた。誕生から90年、No.6や低アルコール酒など、新しい日本酒の扉を開けた8代目の佐藤祐輔さん。最新鋭の醸造機械を使い倒した後、江戸時代の酒造りへ突き進む。蓋麹、生酛、木桶、県産米、純米造りだ。2018年から山間集落の鵜養（うやしない）で無農薬栽培を開始。今、全農家が農薬類を排除し、23町歩の自然栽培田が広がる。「農法も製法も困難だが、持続性がある」。1921年に農事試験場で交配された陸羽132号を復活栽培し、酵母無添加で醸す「農民藝術概論」は地力を問う。

定番の1本
6号酵母の魅力をダイレクトに表現する定番生酒

No.6 S-type

やや甘口　ミディアムライト　温度 15℃

◉ 麹米＆掛米：酒造好適米 55%
AL 14.0度（原酒）
¥ 2,037円（720㎖）

特別な1本
アルコール10度以下、薄にごり発泡酒

低酒精発泡純米酒 天蛙（あまがえる）

普通　ライト　温度 10℃

◉ 麹米：酒こまち 50%
　掛米：酒こまち 60%
AL 9.0度以下
¥ 2,037円（720㎖）

酒蔵おすすめの1本
無農薬自然栽培米を木桶仕込みで

農民藝術概論2019

普通　ミディアム　温度 20℃

◉ 麹米＆掛米：陸羽132号（秋田市河辺鵜養地区収穫）55%（扁平精米）　AL 14.7度
¥ 8,500円（760㎖）

蔵DATA　　●創業年：1852年（嘉永五年）　●蔵元：佐藤祐輔 八代目　●住所：秋田県秋田市大町6-2-35

新政酒造の自然圃場が広がる鵜養集落

茅葺屋根の家が残る日本の原風景

収穫前、自然栽培の稲にトンボの姿も

左扉手前のタンクあたりで
6号酵母が発見された

新調した木桶／今後、全量を木桶仕込みに

新政の目指す酒造り

—— 新政酒造・蔵元 佐藤祐輔 ——

　我々は、日本酒を「日本文化」の代表的作品としてとらえています。もちろん飲み物ですから、おいしくなければなりません。しかし、おいしさのために「文化性」や「倫理性」をいささかも犠牲にすることは、できないと考えています。日本酒は、単なる飲料ではなく、日本文化、いや日本そのものであると思うからです。我々は、こうした思想を体現するため、常に「文化」「歴史」「地域」「個性」にこだわりつづけております。「純米造り」「生酛造り」「秋田県産米」「当蔵発祥の6号酵母」のみの酒造りがモットーです。また、ラベル表記義務のない添加物も一切用いておりません。2013年からは、木桶を用いた酒造りを開始しています。現在は自社圃場の運営を行い、原料栽培から手がけています。

　先祖から伝わる家業を、より価値ある姿に昇華させ、次世代の日本につなげてゆきたい……。常にそんな気持ちで酒造りをしております。

撮影
鵜養の風景／高橋希
蔵外観、木桶、佐藤氏
／船橋陽馬

横手盆地の真ん中で、横手盆地産米で醸す純米酒

天の戸 あまのと

秋田県　浅舞酒造株式会社
www.amanoto.co.jp

　日本一の広さを誇る横手盆地の真ん中で、横手盆地産の米と水、人で2011年から、純米酒のみを醸す。糀を多く使う食文化に慣れ親しんだ「舌」での酒造りは、秋田の「あまごい(甘濃い)」味付けの漬物などに合う酒の味となる。軽めの味わいだが、飲み進むうちに底にあるしっかりした味が見つかり、心に残る。鹿児島の焼酎杜氏との交流から、焼酎用麹を使った酒母の日本酒造りを最初に始めた。全量、洗米は限定吸水し、古式の和釜で蒸し、古式槽搾りを行う。モットーは「酒は田んぼから生まれる」。

定番の1本

美しい稲そのもの、
丹精を結晶化したうまい酒

天の戸 美稲(うましね)

普通 ミディアム 温度 常温20℃

◎ 麹米:吟の精55%、掛米:美山錦 55%
AL 15.7度
¥ 1,450円(720mℓ) 2,700円(1.8ℓ)

季節の1本(販売期間:6月〜9月)

白麹のクエン酸が爽快な夏の発泡酒

天の戸・シルキー
絹にごり〈生〉

やや辛口 ミディアムフル
温度 10℃

◎ 麹米＆掛米:星あかり 60% AL 15.0度
¥ 600円(300mℓ) 1,650円(720mℓ)

酒蔵おすすめの1本

生酛乳酸+白麹クエン酸=W酸の酒

天の戸・純米大吟醸
夏田冬蔵《生酛・美山錦》

普通 ミディアムフル
温度 40℃

◎ 麹米＆掛米:美山錦 40% AL 16.5度
¥ 2,000円(720mℓ) 4,000円(1.8ℓ)

蔵DATA
●創業年:1917年(大正六年) ●蔵元:柿﨑常樹 五代目 ●杜氏:柿﨑常樹 ●住所:秋田県横手市平鹿町浅舞字浅舞388番地

丹精と風景を瓶に詰めたい

── 天の戸・前杜氏 故森谷康市 ──

「足あとは最高の肥料」という言葉がある。毎日、田んぼに入ってきめ細かな手入れをした人の稲がよくできるという意味だろう。とかく「コスト、コスト」の名のもとに酒造りも作業の効率化、機械化が進んできた。それは、大型機械の座席から稲を見る視点が離れてしまった稲作りと同じように、ややもすると麹菌や酵母菌から距離を置いたものになってきたのではないだろうか。

先輩蔵人に「なんで今この作業をするんですか?」と新人の頃よく質問した。「なんとなく……だな」というのが返ってくる言葉。勘で造っているのかとさえ思った。しかし、先輩と同じ年代になって、「ここでひと手間かけてやるともっと良くなるな」と漠然と思うことが増えてきた。

蔵の大屋根に登れば見える範囲で純米酒を造っている。麹に寄り添い、醪と添い寝する気持ちになった時、この「なんとなく」が出てくる。丹精を、そしてこの土地の風景を瓶に詰めたい。

2019年7月30日永眠。

39

「まんず咲く」花、蔵の町横手に見事な酒の花が咲く

まんさくの花

まんさくのはな

秋田県　日の丸醸造株式会社
hinomaru-sake.com

蔵名「日の丸」は秋田藩主佐竹公の紋所に由来。増田町は、横手盆地の南東部に位置し、日本有数の豪雪地帯。清冽な自然環境が育む伏流水は、「まんさくの花」の目指す「きれいで優しい酒質」に適した極上の軟水。多種多様な酒造りに挑戦し、さまざまなコンセプトの商品を月替わりで発売する。全量吟醸造りを徹底し、完成したお酒は低温瓶貯蔵にかける。酸は極端に高くなく、角の取れた上品な味わいが自慢。香りは、リンゴ・バナナ・桃を絶妙にバランスを取っている。使用する酒米の6割以上は「チーム日の丸」社員と地元農家の酒米研究会が作る契約栽培米。

定番の1本
馥郁とした香味と気品、
まんさくの花最高傑作

純米大吟醸
まんさくの花 山田錦45

やや辛口　ミディアム　温度 10〜35℃

麹米＆掛米：山田錦 45%
AL 16.0度
¥ 3,000円(720㎖)

季節の1本 (販売期間：1月〜3月)
珍しい！搾りの部位違いを楽しめる

純米吟醸生原酒
まんさくの花 荒・中・責

やや辛口　ミディアムフル
温度 15℃

麹米＆掛米：年度により変更　AL 16.0度
¥ 1,680円(720㎖)　3,200円(1.8ℓ)

酒蔵おすすめの1本 (販売期間：4月、9月)
チーム日の丸栽培亀の尾小仕込み

純米吟醸一度火入れ原酒
まんさくの花 亀ラベル

やや辛口　ミディアムフル
温度 15〜20℃

麹米＆掛米：亀の尾 55%　AL 16.0度
¥ 1,680円(720㎖)　3,200円(1.8ℓ)

蔵DATA　●創業年：1689年(元禄二年)　●蔵元：佐藤譲治 二代目　●醸造責任者：押山秀一　●住所：秋田県横手市増田町増田字七日町114-2

搾るタイミングで味が変わる!

同じ1本のタンクでも、搾る最初と最後では、香りも味も違うのが繊細な日本酒の面白さ。左ページで紹介した日の丸醸造「まんさくの花」では毎年1月頃、「荒ばしり」「中ぐみ」「責めどり」を別々に瓶詰めした純米吟醸を限定発売している。

一番最初に出てくる酒が「荒ばしり」といい、香りが強く、おりがからみ薄く混濁している。次に出てくるのが「中ぐみ」。一番バランスが良く味わい豊か。自信がある部分ゆえ、他蔵でも「中汲み」や「中取り」という名で商品化されている。最後の「責めどり」は、爽やかで複雑味かつ切れ味もある。同じ醪でも搾り方で味が違ってくる。とはいえ別々に搾る作業は大変な労力。ゆえにシーズン1回のみの限定発売なのだ。栃木県の仙禽(p.73)も初搾りのみの超限定で搾り違いセットがある。一般的な商品は全て混ぜることが多い。

あら　なか　せめ
荒・中・責

毎年人気の飲み比べ。本数限定販売。「純米吟醸生原酒　まんさくの花　荒ばしり・中ぐみ・責めどり」900ℓの吟醸用小仕込みタンク仕込み。詳しい販売時期、取扱店はHPで確認を。

まんさくの花 内蔵・文庫蔵

日本有数の豪雪地帯の増田町は蔵の町として有名。平成25年12月に国の重要伝統的建造物群保存地区に選定された。まんさくの花の文庫蔵は、町内の数ある内蔵の中でも、豪華かつ繊細な意匠が際立つ。見学可能。

荒走り
袋を重ねると、醪自身の重みで自然と酒は搾られる。

中汲み
1日を超える長い時間をかけて、ゆっくり搾り上げる。

責め取り
搾り終盤。袋を再び並び替えて、最後まで搾りきる。

我蔵引水、白神山地の水を引き、米から酒を造る蔵

山本 やまもと

秋田県　株式会社山本酒造店
www.yamamoto-brewery.com/

　秋田最北端の蔵、最尖端の酒造り。白神山地の麓に位置し、世界遺産の湧き水を引いて仕込み水に使っている。水の良さによる酒のうまさには定評があったが、近年目を見張るほど醸造技術が上がり、目を離せなくなった。蔵元杜氏は、もともと音楽業界出身。本家筋が途絶えたため、やむなく転身し跡を継いだが、一時は筆舌に尽くし難い辛苦を舐めた。しかし、今では蔵元が天職というほど見事な酒を造るに至る。秋田県産米と酵母を使い、2013年には全国新酒鑑評会金賞を受賞。天然色素使用の青い酒「ブルーハワイ」など、発想もケタ外れだ。

定番の1本
米選びから醸造まで、蔵元杜氏が全力愛で醸した「山本」

純米吟醸 山本
（黒ラベル）

`やや辛口` `ミディアムライト` 温度 5〜10℃

◎ 麹米：秋田酒こまち 50%
　掛米：秋田酒こまち 55%
AL 16.0度
¥ 1,481円（720㎖）2,963円（1.8ℓ）

季節の1本（販売期間：3月〜）
ゴージャス酵母で気分うきうき♡

純米吟醸 山本
（ピンクラベル）

`やや辛口` `ライト`
温度 5〜10℃

◎ 麹米＆掛米：吟の精 55%　AL 14.5度
¥ 1,476円（720㎖）2,838円（1.8ℓ）

酒蔵おすすめの1本
春の訪れを知らせる3月の発泡酒

純米吟醸
スパークリング山本

`辛口` `ライト`
温度 5〜10℃

◎ 麹米＆掛米：吟の精 55%　AL 14.0度
¥ 1,523円（720㎖）3,047円（1.8ℓ）

蔵DATA　●創業年：1901年（明治三十四年）●蔵元：山本友文 六代目 ●杜氏：山本友文・蔵元流　●住所：秋田県山本郡八峰町八森字八森269

FROZEN SAKE

お燗から冷酒まで、飲用温度の幅がワイドなことも日本酒の魅力！いつもと違う温度で飲むことで、知ってたつもりの酒に、新たな魅力も発見できる。おすすめがextra coldのフローズン。瓶ごと冷凍庫に24時間入れるだけ。アルコールの氷点は、水より低いため全部が凍ることはまずない。見た目にはバキバキに凍っていても常温ですぐ溶け始める。液体部分は甘みがギュッと凝縮、氷部分はシャキシャキジャリンな食感。口中で合わさると、まろやかなのに刺激的!?グラスに注げば、キラキラとクリスタルのように美しい。おすすめの酒は、アルコール度15度以下。アルコールが少ない分、凍りやすいからだ。

写真のトロピカルなブルーの酒は、左ページで紹介の山本・白瀑の夏季限定「ブルーハワイ」。アロ〜ハ〜なふざけた一本ながら、美山錦できちんと醸した純米吟醸酒仕様。くちなしから抽出した天然色素で日本酒にはない涼やかな色が珍しい。原材料は米、米麹だけだが、色素を加えたせいで法律上はリキュール扱い。

凍らせるのは自己責任で。

7月限定出荷の真夏酒
山本・白瀑 夏季限定「ブルーハワイ」

やや辛口　ミディアムライト　温度　−10〜10℃

🍶 麹米＆掛米：美山錦 55%　AL 14.0度
¥ 1,524円(720㎖) 3,048円(1.8ℓ)

雪の茅舎

微生物の環境を大切に
山内杜氏の名人技が光る三無い造り

ゆきのぼうしゃ
秋田県　株式会社齋彌酒造店
www.yukinobousha.jp

　由利本荘市は、鳥海山の北麓に広がる山と川と海のある町。10月になると、蔵人たちが栽培した秋田酒こまちを持って蔵入りする。兵庫・黒田庄の農家と契約栽培する山田錦など、造り手のわかる酒造りだ。独特の構造を持つ酒蔵は、高低差約6mの傾斜地に立つ。一番上の精米所に米が運ばれ、精米されてスタート。次に敷地内で湧き出す伏流水で仕込まれ、工程が進むにつれて下へ下へと移動。自然の地形をうまく利用した知恵の賜。酒造りも「三無い造り」という造りで、櫂入れしない、濾過しない、加水しない。自然な発酵の力を利用し、美酒を醸す。

定番の1本
コクとうまみが深まり、スッキリ感ある
自然派山廃造り純米酒

雪の茅舎 山廃純米

`普通` `ミディアムフル` `温度` 42℃

◎ 麹米：山田錦 65%
　　掛米：秋田酒こまち 65%
AL 16.0度
¥ 1,200円（720mℓ）2,300円（1.8ℓ）

季節の1本 （販売期間：11月〜3月）
香り華やかで繊細な生純吟新酒

雪の茅舎
純米吟醸 生酒

`普通` `ライト` `温度` 10℃

◎ 麹米：山田錦 55%、掛米：秋田酒こまち 55%
AL 16.0度 ¥ 1,500円（720mℓ）2,800円（1.8ℓ）

酒蔵おすすめの1本
高橋杜氏の純米大吟醸の傑作

雪の茅舎
純米大吟醸 聴雪

`やや甘口` `ミディアム`
`温度` 10℃

◎ 麹米＆掛米：山田錦 35% AL 16.0度
¥ 7,000円（720mℓ）15,000円（1.8ℓ）

蔵DATA　●創業年：1902年（明治三十五年）●蔵元：齋彌浩太郎 五代目 ●杜氏：高橋藤一・山内流 ●住所：秋田県由利本荘市石脇字石脇53

米の個性、うまさを追求！
酒米品種を味わりブランド

やまとしずく

やまとしずく

秋田県　秋田清酒株式会社

www.igeta.jp

「出羽鶴」軟水仕込みと「刈穂」中硬水仕込み、2つの蔵を持つ秋田清酒。第3のブランドが「やまとしずく」だ。米作りからの酒造りがテーマで、米は全て地元の契約栽培。蔵から10km以内の土質良好な田んぼのみで耕作し、自社田で蔵人も米作りに参加する。明治時代、国の農事試験場陸羽試場もあり、昔からの米どころだ。仕込み水は、蔵近くの山間部の湧水で、ミネラル豊富。酒に深い味わいを生み出す。毎年、同じ地域の酒米を仕込むため、ヴィンテージ的な楽しさも見つかる。地域性と個性を明確に、この土地でしか出来ない個性ある酒を目指す。

定番の1本
蔵人が栽培した美郷錦、搾りたて直詰めの酒

やまとしずく
純米吟醸 美郷錦

辛口　ミディアム　温度 5〜10℃

◎ 麹米＆掛米：美郷錦 50%

AL 16.0度

¥ 1,500円(720㎖) 3,000円(1.8ℓ)

季節の1本（販売期間：5月〜8月）
秋田流花酵母AK-1で醸す爽快な味

やまとしずく 純米酒
夏のヤマト

辛口　ライト
温度 5〜10℃

◎ 麹米＆掛米：美山錦 60%　AL 15.2度

¥ 1,250円(720㎖) 2.500円(1.8ℓ)

酒蔵おすすめの1本
軽快で、あざやかな香味が調和

やまとしずく
純米吟醸

辛口　ライト
温度 5〜10℃

◎ 麹米＆掛米：秋田酒こまち 55%　AL

15.5度　¥ 1,400円(720㎖) 2,800円(1.8ℓ)

 蔵DATA

●創業年：1865年（慶応元年）●蔵元：伊藤洋平 ●杜氏：齊藤 修(刈穂)・山内流、佐々木亮博(出羽鶴)・山内流 ●住所：秋田県大仙市戸地谷字天ケ沢83-1

酒米研究約40年！
鳥海山の麓で米から育む地酒

天寿 てんじゅ
秋田県　天寿酒造株式会社
www.tenju.co.jp

　鳥海山の麓、矢島町で「鳥海山」と「天寿」の2銘柄を醸す天寿酒造。七代目蔵元の大井建史さんは「酒米は地元で確保」と、契約栽培を委託した農家を集め、1983年に天寿酒米研究会を立ち上げ、原料米は全て、研究会を中心とする契約栽培米。鳥海山の標高2236mには万年雪があり、雪解け水をブナの森が浄化。その水は平成の名水100選に選出され、田んぼも潤す。山は五穀豊穣を司り、豊漁と海上安全の神として崇められ、山岳信仰の聖山で修験道の修行場だった。聖なる山の麓で醸された地の酒。銘柄の天寿には「この酒で、百歳まで」の思いを込める。

定番の1本
各種コンテスト上位入賞実績、
いぶし銀のうまさ

天寿 純米酒

普通 ミディアム 温度 18、30、55℃

⊙ 麹米：美山錦 65%
　掛米：秋田酒こまち 65%
AL 15.0度
¥ 1,150円（720mℓ）2,300円（1.8ℓ）

季節の1本（販売期間：3月〜8月）
数々の受賞を誇る名門酒会用生酒

米から育てた
純米酒 天寿 生酒

普通 フル
温度 10〜17℃

⊙ 麹米＆掛米：天寿酒米研究会産 美山錦・酒こまち
60% AL 15.0度 ¥ 1,350円（720mℓ）2,700円（1.8ℓ）

酒蔵おすすめの1本
20年以上開発を積み重ねて誕生

純米大吟醸
鳥海山

普通 ミディアムフル
温度 15〜18℃

⊙ 麹米＆掛米：天寿酒米研究会産 美山錦 50%
AL 15.0度 ¥ 1,500円（720mℓ）3,000円（1.8ℓ）

蔵DATA　●創業年：1830年（文政十三年）●蔵元：大井建史 七代目 ●杜氏：一関陽介・山内流 ●住所：秋田県由利本荘市矢島町城内字八森下117

五城目の技術と良心が結集した
地の米の優しい純米酒

一白水成

いっぱくすいせい

秋田県　福禄寿酒造株式会社
www.fukurokuju.jp

　500年続く朝市が名物の秋田県五城目町で、1688年に創業した老舗酒蔵。十六代目の渡邉康衛さんが起こしたブランドが「一白水成」。白い米と水から成る一番うまい酒を意味し、フレッシュでジューシーな味が大人気だ。地元の米で醸したいと、五城目酒米研究会を発足。農家の後継者不足もあり農業法人も立ち上げた。五城目町産の米だけで醸す酒には「良心」と付ける。一口飲めば誰もが優しい味に感動する。ゆっくり過ごしてほしいと、蔵の前にカフェ「下夕町醸し室HIKOBÉ」を開店。酒の飲み比べや、限定酒やグッズが買える。

定番の1本
The「一白水成」のきれいな味は
五城目町産木苺にも合う

一白水成 特別純米酒
良心

`やや甘口` `ミディアム` `温度` 10〜15℃

🌾 麹米：吟の精 55%
　　掛米：秋田酒こまち 58%
`AL` 16度
¥ 2,300円（1.8ℓ）

季節の1本 （販売期間：12月〜1月）
トップバッターの限定袋吊り生酒

一白水成 純米吟醸
袋吊り生酒

`辛口` `フル` `温度` 8℃

🌾 麹米＆掛米：美山錦 50% `AL` 16度
¥ 1,400円（720mℓ） 2,800円（1.8ℓ）

酒蔵おすすめの1本
分析値で決定するその年一番の酒

一白水成
Premium

`やや甘口` `ミディアム`
`温度` 8℃

🌾 麹米＆掛米：45% `AL` 16度
¥ 2,600円（720mℓ）

🏠 蔵DATA　●創業年：1688年（元禄元年）●蔵元：渡邉康衛 十六代目 ●杜氏：一関 仁・山内 流 ●住所：秋田県南秋田郡五城目町字下夕町48番地

名水百選湧水の蔵、
秋田の酒米・美郷錦で酒を醸す

春霞　はるかすみ

秋田県　合名会社栗林酒造店
www.harukasumi.com

　古来より「百清水」といわれた美郷町六郷は、町内に126カ所湧水があり、名水百選指定の湧水の里。一本蔵と呼ばれる仕込み蔵は、入り口から蒸米、麹室と続く効率的な導線で設計される。蔵元杜氏の栗林直章さんは、酒米の契約栽培に力を入れ、町名の美郷と同じ美郷錦に注力。大粒でタンパク質が少なく、精米特性に優れ、仕込み水や酵母との相性も抜群。米の8割以上を美郷錦が占める。田んぼ違いの人気商品もある。定番は精米歩合35％の純米大吟醸、55％の純米吟醸、60％の純米酒。どれも料理によりそう、誠実で優しい味わいが特徴。

定番の1本
9号系酵母で滋味深いうまさと
まろやかな甘みが持ち味

春霞 純米酒 赤ラベル

普通 ミディアム 温度 10℃、40℃

◎ 麹米：美郷錦50% 掛米：美郷錦60%
AL 16.0度
¥ 1,250円(720㎖) 2,500円(1.8ℓ)

季節の1本（販売期間：1月）
かわいい甘さと切れ味の毬栗ラベル

春霞 栗ラベル・白酒こまち生

やや甘口 ミディアムライト
温度 6℃

◎ 麹米＆掛米：秋田酒こまち 50% AL
16.0度 ¥ 1,500円(720㎖) 3,000円(1.8ℓ)

酒蔵おすすめの1本
美しい郷、美郷町で醸す美郷錦の酒

春霞 純米吟醸緑ラベル

普通 ミディアムライト
温度 10℃

◎ 麹米＆掛米：美郷錦 50% AL 16.0度
¥ 1,500円(720㎖) 3,000円(1.8ℓ)

蔵DATA　●創業年：1874年(明治七年) ●蔵元：栗林直章 七代目 ●杜氏：栗林直章・自社流 ●住所：秋田県仙北郡美郷町六郷字米町56

全量純米蔵が醸す澄み切った真冬の
小川のような芯の強さと透明感

東光 とうこう

山形県　株式会社小嶋総本店
www.sake-toko.co.jp

　米沢藩上杉家御用酒屋であり、創業は安土桃山時代の1597年、全国でも数少ない創業420年を超える老舗酒蔵。現当主の小嶋健市郎さんで二十四代目になる。上杉鷹山公も飲んだ、武士の酒だ。蔵は最上川の源流に近い豪雪地帯。吾妻連峰から流れ込む雪解け水が仕込み水。

　県産米を中心に、全量純米造りを行う。米沢酒米研究会を立ち上げ、蔵人でもある契約農家と米作りに取り組む。柔らかで繊細な質感、フルーティで透明感があり、切れの良さも特徴。山形県の酒米、雪女神、出羽燦々、出羽の里などの米の個性が楽しめる。

定番の1本

フルーティでうまみしっかり。
ぜひワイングラスで

東光 純米吟醸原酒

辛口 ミディアム 温度 10℃

◎ 麹米＆掛米：山形県産米 55%
AL 16.0度
¥ 390円(180mℓ)、540円(300mℓ)、
　 1,280円(720mℓ)、2,560円(1.8ℓ)

季節の1本 （販売期間：2月～4月）
花見を彩る果実感と華やかさ

東光 季節限定
純米酒(花見酒)

辛口 ミディアムフル
温度 10℃

◎ 麹米＆掛米：山形県産米 60% AL 16.0
度 ¥ 1,260円(720mℓ)

酒蔵おすすめの1本
大吟醸好適米で造る上品な味

東光 純米大吟醸
雪女神

辛口 ミディアムライト
温度 10℃

◎ 麹米＆掛米：雪女神 45% AL 16.0度
¥ 3,000円(720mℓ)

蔵DATA
●創業年：1597年(慶長二年)　●蔵元：小嶋健市郎 二十四代目　●杜氏：社員
●住所：山形県米沢市本町二丁目2-3

山形から世界へ
古式醸造を貫く酒

出羽桜

でわざくら
山形県 出羽桜酒造株式会社
www.dewazakura.co.jp

　1980年にフルーティな吟醸香と爽やかな切れ味でデビューした出羽桜酒造の桜花吟醸酒は、吟醸の代名詞になり、海外でも高評価を受けた。吟醸と名乗るが、50%精米の大吟醸クラスだ。四代目の仲野益美さんの持論は「高い技術は、手に宿る」。今も蒸し米は木桶に入れ、蔵人が担いで運ぶ。微妙な香りや湿度、温度が五感で伝わり、経験値が構築され蔵の力となると考える。毎年、自ら杜氏となり出品用の大吟醸酒を仕込む。古式醸造を守るが、精米機と冷蔵貯蔵の設備は最新鋭を揃え酒質向上に励む。酒造りの思いは山形を醸すこと。

定番の1本
出羽三山を望む地で、山形酵母
KAと麹菌オリーゼ山形で醸す酒

出羽桜 純米吟醸
出羽燦々誕生記念（本生）

`やや辛口` `ミディアム` `温度` 7〜10℃

◎ 麹米＆掛米：出羽燦々 50%
`AL` 15度
¥ 1,550円（720㎖）3,100円（1.8ℓ）

特別な1本
出羽の里使用「大味必淡」の酒

出羽桜 純米酒
出羽の里

`普通` `ミディアムライト`
`温度` 7〜45℃

◎ 麹米＆掛米：出羽の里 60% `AL` 15.0度
¥ 1,300円（720㎖）

酒蔵おすすめの1本
重厚なうまみ、長い余韻と熟成香

出羽桜 特別純米
枯山水 十年熟成

`やや辛口` `フル`
`温度` 10〜45℃

◎ 麹米＆掛米：山形県産米 55% `AL` 16
度 ¥ 2,750円（720㎖）5,500円（1.8ℓ）

蔵DATA
●創業年：1892年（明治二十五年）　●蔵元：仲野益美 四代目　●杜氏：自社杜氏
●住所：山形県天童市一日町1丁目4番6号

硬度128の硬い水が生む
名刀正宗の切れある味わい

山形正宗

やまがたまさむね
山形県 株式会社水戸部酒造
www.mitobesake.com

　地元米を中心に、純米酒だけを醸す蔵。ワイン醸造で活用される技術を応用した日本初の酒「まろら」を開発するなど、進取の気性に富んでいる。麹室に樹齢100年以上の金山杉の柾目、無節材を使うなど、酒造りの環境を美しく整える。豊かな米のうまみ、シャープな切れが特徴。将来、生産量の8割を自家栽培か契約栽培とする予定だが、完全ドメーヌにはこだわらない。「我々は銀座の寿司屋である」と蔵元。積極的に、素晴らしい生産者からも調達する。最も重要なのは「最高の原料を得ること」だからだ。

ヤマガタマサムネ

定番の1本
切れ味抜群の辛口は
蔵内でも人気の食中酒

山形正宗 辛口純米

`やや辛口` `ミディアム` `温度` 15℃

◉ 麹米＆掛米：出羽燦々 60%
AL 16.0度
¥ 1,350円（720㎖）2,700円（1.8ℓ）

特別な1本
自家水田で減農薬栽培米で醸造

2019

山形正宗 稲造

`普通` `ミディアム`
`温度` 15℃

◉ 麹米＆掛米：出羽燦々 60% AL 15度
¥ 1,600円（720㎖）3,200円（1.8ℓ）

酒蔵おすすめの1本
パルマ産の生ハムに合うよう開発

Malala
[まろら]

山形正宗 まろら

`甘口` `ミディアムフル`
`温度` 15～55℃

◉ 麹米＆掛米：出羽燦々 60% AL 15.0度
¥ 1,900円（720㎖）

蔵DATA
●創業年：1898年（明治三十一年）●蔵元：水戸部朝信 五代目 ●杜氏：水戸部朝信 ●住所：山形県天童市大字原町乙7番地

酒米亀の尾復活蔵！
人・米・水の地元余目を発信する

鯉川
こいかわ
山形県 鯉川酒造株式会社

　古くは日本三大品種といわれた亀の尾発祥の地、山形県余目（あまるめ）。亀の尾は、コシヒカリや東日本で誕生した酒造好適米美山錦、五百万石、出羽燦々などのルーツにあたる。庄内町の阿部亀治翁が明治中期に冷害に強い米として見つけ出した。鯉川では、約4町7反の田んぼで、減農薬亀の尾を契約栽培している。将来、全量地元産米にすることが目標。味わいは、渋くてすべりの良い辛口。特に燗に向き、ぬる燗にして飲んだ時の「すべり」は最高。山形県工業技術センターと連携して、亀の尾に最適な酵母の研究なども進めている。全量純米酒蔵。

定番の1本
亀の尾の最高峰！
東北鑑評会で優等賞受賞

純米大吟醸 火入れ原酒
阿部亀治

辛口　フル　温度 15℃

◎ 麹米＆掛米：亀の尾 40%
AL 17.0度
¥ 2,571円(500ml) 5,600円(1.8ℓ)

季節の1本 （販売期間：3月〜5月）
井上農場産米、減農薬「つや姫」の酒

純米吟醸 Beppin
うすにごり酒

辛口　ミディアムフル
温度 40℃

◎ 麹米＆掛米：つや姫 50%　AL 16.0度
¥ 1,550円(720ml) 2,700円(1.8ℓ)

酒蔵おすすめの1本
お燗が最高！ 蔵元の至情で出来た酒

純米大吟醸 鯉川
出羽燦々

辛口　フル
温度 45℃

◎ 麹米＆掛米：出羽燦々 40%　AL 16.0度
¥ 4,300円(1.8ℓ)

蔵DATA　●創業年：1725年（享保十年）●蔵元：佐藤一良 十一代目 ●杜氏：鈴木義浩 自社杜氏 ●住所：山形県東田川郡庄内町余目字興野42

福島と山形、
2つの故郷をつなぐ米の酒

磐城壽

いわきことぶき
山形県　株式会社鈴木酒造店
www.iw-kotobuki.co.jp/

　酒銘の磐城は地名、壽はことほぐを意味する祝い酒。福島県浪江町で海の男たちから愛された磐城壽醸造元鈴木酒造店は、東日本大震災で全建屋が流失し、2011年秋に、山形県長井市で酒造りを再開した。福島県の試験場に預けていた酵母が無事で蔵から唯一持参できた。蔵元の鈴木大介さんが杜氏を務め、弟の荘司さんと力を合わせる兄弟酒だ。2021年、浪江町に新設した道の駅なみえの施設内に、小さな醸造所と販売コーナーができ、地元で10年ぶりの酒造りが再開する。浪江と長井、2つの故郷をつないでの酒造り。「酒は力の水」と大介さん。

定番の1本
3〜5℃の雪室熟成。
さまざまな温度帯で楽しんで。

磐城壽 純米酒

`普通` `ミディアム` `温度` 15〜45℃

◎ 麹米＆掛米：酒造好適米 65%
AL 15.0度
¥ 1,200円（720mℓ）2,400円（1.8ℓ）

季節の1本（販売期間：6月〜）
米3種の甘みと軽快な口当たり

磐城壽 夏吟醸酒

`やや甘口` `ライト`
`温度` 5〜10℃

◎ 麹米＆掛米：酒造好適米 55% AL 13.0
度 ¥ 1,400円（720mℓ）2,420円（1.8ℓ）

酒蔵おすすめの1本
熟成を大切にした山廃の純米酒

磐城壽 アカガネ

`やや辛口` `ミディアムフル`
`温度` 15〜55℃以上

◎ 麹米＆掛米：雄町 65% AL 16.0度
¥ 1,500円（720mℓ）3,000円（1.8ℓ）

蔵DATA ●創業年：1831年（天保二年）●蔵元：鈴木大介 八代目 ●杜氏：鈴木大介 ●住所：山形県長井市四ツ谷1-2-21

鶴ヶ城のお膝元、
会津の心を込めた美しい酒造り

寫樂 しゃらく
福島県　宮泉銘醸株式会社
www.miyaizumi.co.jp

　福島県会津若松市の中心、鶴ヶ城の北側に蔵を構える宮泉銘醸。四代目の宮森義弘さんが杜氏になり酒造りを大改革。数々の鑑評会で上位入賞を果たす人気酒になる。造りで妥協しない酒の味は、上立ち香が穏やかで、含んだ際にフルーツのようなやさしい香りが広がる。品の良い甘みやうまみも感じ、後味は切れ良く、美しいフィニッシュを迎える。原料米は契約栽培の会津若松市湊町の夢の香、会津美里町の減農薬五百万石の地元産と、兵庫の特A地区の山田錦や愛山、岡山の雄町などの名産地から。それぞれの米の個性を生かした上質な味が楽しめる。

定番の1本
**爽やかな果実香、コクと切れ
バランス抜群の人気美酒**

寫樂 純米吟醸

普通　ミディアムライト　温度 0〜5℃

◎ 麹米＆掛米：五百万石 50%
AL 16.0度
¥ 1,600円（720㎖）3,200円（1.8ℓ）

季節の1本
県産の酒未来で醸した未来の味

寫樂 純米吟醸
酒未来

普通　ミディアム
温度 0〜5℃

◎ 麹米＆掛米：酒未来 50%　AL 16.0度
¥ 1,700円（720㎖）3,400円（1.8ℓ）

酒蔵おすすめの1本
フルーティとうまみの調和

寫樂 純米酒

普通　ミディアム
温度 0〜5℃

◎ 麹米＆掛米：夢の香 60%　AL 16.0度
¥ 1,300円（720㎖）2,600円（1.8ℓ）

蔵DATA　●創業年：1955年（昭和三十年）●蔵元：宮森義弘 四代目　●杜氏：宮森義弘
住所：福島県会津若松市東栄町8-7

ひとくち飲めば「喜びの露が飛ぶ」。
幸せを呼ぶフレッシュな旨酒

飛露喜 ひろき

福島県 株式会社廣木酒造本店

　フレッシュでジューシーという言葉は飛露喜が登場するまで日本酒の表現になかった。1999年の発売から20年以上経った今も入手困難が続くトップランナー。杜氏は九代目の廣木健司さん。少量仕込みによる丁寧な酒造りで、穏やかな香り、透明感ある緻密なうまみと甘みが調和。「高品質な酒しか生き残れない」と、原料処理、低温発酵、低温熟成に注力し、改修や設備投資を常に行う。麹米は山田錦を、掛米の半分は地元会津産の酒米を使用。安定した酒質を目指し、生酒は期間限定のみ。火入れ処理後に冷蔵庫で貯蔵し品質管理を徹底する。

定番の1本
いつ、どこで飲んでも盤石なうまさを誇る極上のスタンダード

特別純米 飛露喜

普通 ミディアム 温度 10〜14℃

◎ 麹米：山田錦 50%、掛米：五百万石 55%
AL 16.0度
¥ 2,600円（1.8ℓ）

季節の1本
原点の酒、冬季限定の深い味わい

特別純米 無ろ過
生原酒 飛露喜

普通 ミディアム
温度 10〜14℃

◎ 麹米：山田錦 50%、掛米：五百万石 55%
AL 17.0度 ¥ 2,600円（1.8ℓ）

酒蔵おすすめの1本
透明さ溢れるジューシー感

純米大吟醸 飛露喜

普通 ミディアムライト
温度 8〜12℃

◎ 麹米：山田錦 40%、掛米：山田錦 50% AL 16.0度 ¥ 2,700円（1.8ℓ）

蔵DATA
●創業年：江戸時代中期 ●蔵元：廣木健司 九代目 ●杜氏：廣木健司・自社流
住所：福島県河沼郡会津坂下町字市中二番甲3574

廣戸川の伏流水で醸す、天栄村の風土を伝える酒造り

廣戸川

ひろとがわ

福島県　松崎酒造株式会社
matsuzakisyuzo.com/

福島県天栄村は昔、中通りと会津をつなぐ交通の要衝で、350mの高低差が昼夜の寒暖差を生む優良な米どころ。奥羽山脈が縦断し中央分水嶺があり、日本海へ流れる阿賀野川水系の鶴沼川と、太平洋へ流れる阿武隈川水系の釈迦堂川が西と東へ流れる。釈迦堂川の旧名が廣戸川。その名を冠し伏流水で酒造りする松崎酒造は、六代目の松崎祐行さんが杜氏を務める。洗米は10kg単位、搾った後の火入れの早さなど、一つ一つの工程を丁寧に醸し、全国新酒鑑評会で8年連続金賞を獲得。農家と連携を深め、天栄村の豊かな風土を米の酒で伝えたいと願う。

定番の1本
米のうまみと酸のバランスがよい
穏やかな味わい。食中酒にも

廣戸川 特別純米

やや辛口　ミディアム　温度 15〜35℃

◎ 麹米＆掛米：夢の香 55%
AL 16.0度
¥ 1,250円（720mℓ）2,500円（1.8ℓ）

季節の1本（販売期間：12〜2月）
香り穏やか、上品な甘みとうまみ

廣戸川 純米吟醸
無濾過生原酒

やや辛口　ミディアム
温度 10〜15℃

◎ 麹米＆掛米：夢の香 50%　AL 15.0度
¥ 1,500円（720mℓ）3,000円（1.8ℓ）

酒蔵おすすめの1本
力強く余韻も長い山田錦

廣戸川 純米吟醸
山田錦

やや辛口　ミディアム
温度 15℃

◎ 麹米＆掛米：山田錦 50%　AL 16.0度
¥ 1,800円（720mℓ）3,900円（1.8ℓ）

蔵DATA　●創業年：1892年（明治二十五年）●蔵元：松崎淳一　五代目 ●杜氏：松崎祐行
●住所：福島県岩瀬郡天栄村大字下松本字要谷47-1

透明感のある美酒を極め、地元で永遠に残る酒を目指す

天明 てんめい
福島県　曙酒造株式会社
akebono-syuzou.com/

　会津盆地西端の会津坂下町の曙酒造。蔵元の鈴木孝市さんは前杜氏の母親から27才で杜氏を継いだ。東日本大震災では蔵3棟が全半壊し、悩み抜いた結論が「この地で美酒を極める」だ。若手蔵人と新たに酒質改革を進め、苦しい資金繰りの中、町内の会津中央乳業が作る飲むヨーグルトと純米酒を調合した酒が大ヒット。設備投資して麹室と槽場を改良した。会津産米をメインに醸し、改良を続けた。透明感あるおいしさに甘み、酸味のバランスが評価され、生産量は9年間で3倍に。工程管理のデータ化と手順の標準化も推進し、さらなる美酒を極める。

定番の1本
旨・甘・酸のバランスをとった
氷温貯蔵の透明感溢れる清き酒

天明 純米火入
「オレンジの天明」

`やや辛口` `ミディアム` `温度` どの温度帯でも

◎ 麹米：山田錦 50%、
　 掛米：会津坂下産米 65%
`AL` 16.0度
¥ 1,320円(720mℓ) 2,630円(1.8ℓ)

季節の1本 (販売期間：4月)
少し贅沢な時間の純米大吟醸

天明 ちょいリッチ
山田錦×五百万石

`やや辛口` `フル`
`温度` 冷酒

◎ 山田錦 40%、掛米：五百万石 47% `AL`
16.0度 ¥ 1,750円(720mℓ) 3,500円(1.8ℓ)

酒蔵おすすめの1本
超低温熟成の純米大吟醸

天明 掌玉（しょうぎょく）
氷温3年熟成
mellowness reborn

`甘口` `ミディアムフル` `温度` どの温度帯でも

◎ 麹米＆掛米：山田錦 30% `AL` 16.0度
¥ 8,000円(720mℓ)

蔵DATA　●創業年：1904年(明治三十七年)　●蔵元：鈴木孝市 六代目　●杜氏：鈴木孝市
●住所：福島県河沼郡会津坂下町戌亥乙2

60町歩を自然栽培に！
十八代目蔵元杜氏の自然米の酒造り

にいだしぜんしゅ

福島県
有限会社仁井田本家
1711.jp

　仁井田本家は2011年に創業300年を迎えた老舗酒蔵で、現当主で杜氏の仁井田穏彦さんで十八代目になる。先祖代々の信条「酒は健康に良い飲み物でなければならない」を受け継ぎ、自然米、天然水を用いて純米酒のみを醸す。米は農薬と化学肥料は不使用、肥料は稲わらやもみ殻、除草は手で行う。酒造りも醸造用乳酸等の添加物は使わず、生酛と白麹酛造りで醸す。ノンアルコール商品も多く開発し、米麹の甘酒や、麹の甘み成分を抽出した砂糖不使用の「こうじチョコ」などが大人気。夢は蔵周りの田んぼ60町歩全てを自然栽培にすることだ。

定番の1本
**酵母無添加＆独自の四段仕込みで
うまみを引き出した酒**

にいだしぜんしゅ
生酛 純米原酒

甘口　ミディアムフル　温度 5～60℃

麹米＆掛米：トヨニシキ 80%
AL 16.0度
¥ 1,400円(720ml)　2,800円(1.8ℓ)

季節の1本（販売期間：7月～8月）
昔ながらの木桶の生酛造り

にいだしぜんしゅ
OK（蔵付き木桶仕込）

甘口　ミディアムフル
温度 15～60℃以上

麹米＆掛米：自然栽培亀の尾 80% AL
16.0度 ¥ 1,750円(720ml) 3,500円(1.8ℓ)

酒蔵おすすめの1本
前年の酒で仕込む濃厚甘口

百年貴醸酒

甘口　フル
温度 15～50℃以上

麹米＆掛米：自然栽培夢の香 80% AL
16.0度 ¥ 3,000円～(製造年度で異なる。720ml)

蔵DATA ●創業年：1711年(正徳元年)　●蔵元：仁井田穏彦 十八代目　●杜氏：仁井田穏彦・南部流　●住所：福島県郡山市田村町金沢字高屋敷139番地

会津力を味わう!
「土産土法」の米から醸す酒

会津娘 あいづむすめ

福島県 株式会社髙橋庄作酒造店
aizumusume.a.la9.jp/

「土地の人が、土地の手法で、土地の米と水から造り上げる」上質な会津の風土を感じる酒を目指し、先祖代々、米作りから始まる酒造りを継ぐ髙橋亘さん。自社田と契約栽培の会津産酒米は、環境保全にも考慮する有機栽培米か特別栽培米で、酒は特定名称酒だけを醸す。糠ともみ殻を発酵させ、田んぼに戻す循環型農法も模索中だ。米の味は気象と土壌の違いで変わるため、個性を味わおうと自家田1枚毎に、純米吟醸酒「穣」も醸す。田んぼの微妙な味の差を精緻な酒造りによってアルコール度数と日本酒度を揃えて仕上げる。その味は豊かで深い。

定番の1本
**全量、自社田と契約米の
吟醸造り純米酒**

会津娘 純米酒

やや辛口　ミディアムライト　温度 5〜50℃

◎ 麹米＆掛米：会津産酒造好適米 60%
AL 15.0度
¥ 1,200円(720㎖)　2,400円(1.8ℓ)

季節の1本 (販売期間:8月〜)
田んぼのテロワールを酒で表現

会津娘 "穣"
羽黒46 純米吟醸

普通　フル
温度 5〜52℃

◎ 麹米＆掛米：会津産有機栽培五百万石
55% AL 16.0度 ¥ 2,000円(720㎖)

酒蔵おすすめの1本
土産土法を象徴するシリーズ第一弾

会津娘 "穣"
花坂境22 純米吟醸

普通　ミディアムフル
温度 5〜52℃

◎ 麹米＆掛米：会津産特別栽培五百万石
55% AL 16.0度 ¥ 2,000円(720㎖)

蔵DATA　●創業年:1875年(明治八年)　●蔵元:髙橋庄作 五代目　●杜氏:髙橋 亘・会津流
●住所:福島県会津若松市門田町大字一ノ堰字村東755

四大酒米

お酒になる米はひとつじゃない！
酒米とは、日本酒の原料に適した米のことで、
正式名称は酒造好適米または醸造用玄米。
新品種が次々に誕生し、その数は100種類以上。
酒米の特徴は醸造用適性が高いこと。
粒が大きく軟らかで、心白（米粒の中心にある白く不透明な部分）
が大きく、タンパク質や脂肪分が少ないなどが良い酒米の条件と
される。

神奈川 いづみ橋の山田錦

大阪府 秋鹿酒造の山田錦

◎ 山田錦

最も有名で「酒米の王」と呼ばれる。味にボリュームがあり、バランスのよい酒になる。全国新酒鑑評会で金賞を獲得する大半の酒がこの山田錦だ。東北の米どころの酒蔵でも、上級クラスの大吟醸酒は、山田錦を磨いて造ることが多い。心白の大きさがほどよく、大吟醸のように高精米しても砕けにくい。タンパク質、脂質の含有量が少なく、80％という低精米酒に挑戦する蔵もある。現在、作付けNo.1の人気米。兵庫県が主産地。

親＝山田穂＋短稈渡船

新潟県 根知男山の五百万石

◎ 五百万石

米どころ新潟で開発されたロングセラーの酒米。育成年の昭和32年に新潟の生産量が五百万石を突破したことを記念して命名された。40年もの長きにわたり日本一の生産量を誇ったが、2001年に山田錦に抜かれた。心白が大きいが、50％以上磨くと割れやすくなり、大吟醸には不向き。淡麗できれいな酒質に定評があり、全国各地で栽培される。早生品種。耐冷性あり。

親＝菊水＋新200号

秋田県 天の戸の美山錦

◎ 美山錦

長野県で開発された酒米。たかね錦に代わる、大粒で心白発現率が高いことを目指し1978年に育成された。長野が誇る雄大な自然、北アルプス山頂の雪のような心白があることから美山錦と命名。山田錦、五百万石に続く、第3位の生産量。爽やかでキレがよく軽快な味。耐冷性に優れた品種で、東北、関東、北陸で生産されている。

たかね錦（親＝北陸12号、農林17号）に放射線処理

岡山県 酒一筋の雄町

◎ 雄町

山田錦の先祖にあたるといわれる古い品種で原生種の酒米。晩稲品種。岡山が主産地だが鳥取県大山山麓で発見。当初「二本草」と名付けられるが発見者の出身地にちなんで「雄町」に改名。交配種には改良雄町、兵庫雄町、広島雄町、こいおまちなどがある。やわらかな軟質米で、米が溶けやすく、味幅が出るフルボディタイプ。余韻も長く続く酒になる。

原生種

写真協力（上から）/ 秋鹿酒造、渡辺酒造店、浅舞酒造、利守酒造

復活する原生種の酒米「強力」

鳥取大学で原種保存された数十粒の強力の種が発芽し甦って30年。日置桜が記念醸造した生酛純米大吟醸酒が「転（まろばし）強力」だ。古い在来品種のため、大粒改良品種を基準とする現代の等級検査では不利な品種だが、平成29年度に数馬豊さんの強力が特等に輝いた。「見事な張りと艶を持ち、米に背中を押されるように全ての技術と魂を注ぎ醸した」と山根酒造場の山根正紀さん。

鳥取県は東京・世田谷区より少ない人口60万人弱の小さな県。成人の日本酒消費量は全国10位前後で、一人あたり年間約6ℓ。その小さな県に酒蔵が17軒。意外にも純米酒王国だ。日本酒生産量は年間約700kℓ（一升瓶約39万本）、そのうち約4割が純米酒と全国平均の3倍以上。その鳥取県で復活栽培して増え続けている酒米がある。その名も勇ましい「強力（ごうりき）」だ。晩稲の大粒品種で粗タンパクが少なく、硬く割れにくい品種。山田錦や雄町同様の線状心白を持ち、理想の外硬内軟の蒸米ができるという。だが、収量が少なく育てにくいため、いったんは消滅した米だ。いったいどんな米なのか？

強力データ

長さ・重さの比較	強力	山田錦	こしひかり
稈長（かんちょう）※1	116cm	105cm	91cm
穂長（ほちょう）※2	21.9cm	19.8cm	19.8cm
穂数（㎡あたり）	383本	500本	436本
千粒重※3	26.6g	28.6g	23.3g

※1 稈長：地面から穂までの長さ　※2 穂長：穂の長さ　※3 千粒重：米千粒当たりの重さ

精米時間（精米歩合70%）

強力	6時間10分
山田錦	5時間53分
五百万石	5時間41分
玉栄	4時間42分

資料提供／千代むすび酒造

熟成すると底光りするうまみのある酒になるという。その地で見つかった米は一番その土地に合っている。ただし栽培は大変だ。酒米は作り手の技術と誠意が問われる。「昔は頼んでも断られましたが、最近は蔵に立候補してくる農家さんが増え、作付面積が増えてます」と千代むすび酒造の岡空晴夫さん。純米酒は米が命。飲んだったら、産地や米、作り手の名前が言える純米酒を。そのほうが面白いに決まってる！

辨天娘 純米 生酛強力
有限会社太田酒造場 p.166参照

酒米強力は原生種。背が高く、粒が大きい
ため倒れやすい。農薬や化学肥料に頼ら
ず育てるには、地力をつけること。間隔を
あけ、光と風通しよく栽培することにある。

酒米は作るのが難しい。山田錦は
胸まで。強力だとアゴまで伸びる。
大山山麓で強力を栽培する生産者
の山西さんが背丈を示してくれた。

鷹勇 純米吟醸 強力

中国山地を背に日本海を望む自然豊かな鳥取県琴浦
町。冬の寒風と雪解け水を含んだ水が辛口できれいな
酒を造る。強力50%の酒も他の酒同様、うまい辛口に
こだわる。軽快な酸味、滋味深い味わいが特徴。

🍶 麹米＆掛米：強力 50%
¥ 1,650円(720mℓ) 3,100円(1.8ℓ)
大谷酒造株式会社　www.takaisami.co.jp
鳥取県東伯郡琴浦町浦安368

千代むすび 純米吟醸 おおにごり生

強力の醪を直接綿袋で濾し、－4℃で貯蔵。強力米の
コクをにごりでダイナミックに堪能できる。冷やして
も、燗にしてもいける。

🍶 麹米＆掛米：強力 50%
¥ 1,650円(720mℓ) 3,300円(1.8ℓ)
千代むすび酒造株式会社 www.chiyomusubi.co.jp
鳥取県境港市大正町131

蔵の名の酒米を復活

「蔵の銘柄と同じ名の酒米で酒を醸してみたい」。その夢を実現した蔵がある。新潟の菊水酒造が、酒米「菊水」の存在を知り栽培を思い立った時、手にできた種籾はたったの25粒だったという。そこからコツコツと栽培を重ね、五十数年の眠りから目覚めさせた。「北越後の大地から、深くふくよかな味の純米大吟醸酒が出来た時は感無量だった」と菊水酒造の髙澤大介さん。「菊水」は「雄町」を親に人工交配して、昭和12年愛知県の農業試験場で誕生。「菊水」

を母に人工交配した「白菊」が出来て、「菊水」は姿を消した歴史がある。

岡山の白菊酒造の渡辺秀造さんは、酒米「白菊」を文献で発見し、復活に挑戦した。こちらは55粒からのスタート。10年かけて情熱が実を結び、コクと酸が特徴の純米酒になった。他にも茨城の府中誉が復活栽培した「渡船」米（p.67）や、青森の三浦酒造が使う「豊盃」米（p.24）などもある。

銘柄と同じ酒米にかける情熱は、米の味を超えるストーリーがある。

酒米 菊水 純米大吟醸 2,317円（720ml）
菊水酒造株式会社 新潟県新発田市島
潟750
www.kikusui-sake.com

大典白菊 純米酒 白菊米 1,350円（720ml）
白菊酒造株式会社 岡山県高梁市成羽町
下日名163-1
www.shiragiku.com

関東の酒

　古くから栄えた坂東平野の町には、長い歴史を誇る酒蔵が多いが、近年は、革新的な酒造りをする蔵が次々と登場。栃木県は、県産業技術センターと協力し、下野杜氏を制定。酒造技術の向上に力を上げ、また上質な山田錦の産地としても注目を集める。10号酵母発祥の地の茨城県は、県初のオリジナル酒米・ひたち錦の酒造りを開発。他県でも、東北の酒と見紛うばかりの透明感を持つ酒、西日本ライクなグラマラスな酒、ワイン風の酸度の高い酒など、個性的な酒蔵が増えつつある。首都圏と近く、交通の便が良いことから、観光に力を入れる酒蔵も多い。

天才的な嫁杜氏が醸す、
フルボディな飲み応えある雄町酒

結ゆい

むすびゆい
茨城県　結城酒造株式会社
www.yuki-sake.com/

　結城紬の糸の輪に、めでたい吉が入るラベルは、人と酒と町を結ぶ酒になるよう願いを込めた。酒造りを担うのは蔵元に嫁いだ浦里美智子さん。雄町で造られた酒を飲んで開眼。天性の勘の良さが働き、全国新酒鑑評会で金賞を受賞。難関の雄町サミットでは優等賞を2部門W受賞するなど輝かしい成績を誇る。ボディある力強さ、バランス良い甘みと酸味で飲み応え満点。酒造りは小仕込みで行い、こまめな滅菌消毒、麹室は杜氏以外入室禁止など、理に適った酒造りを徹底。岡山県の赤磐雄町米の生産者、堀内由希子さんの米で醸す酒は看板商品。

定番の1本
ボンキュッパッと、メリハリある
飲み応え満点の酒

結ゆい 特別純米酒
赤磐雄町米

普通 ミディアム 温度 10〜15℃

麹米＆掛米：赤磐雄町米 60%
AL 16.0度
¥ 1,600円(720㎖) 3,200円(1.8ℓ)

季節の1本（販売期間：1月〜2月）
茨城の風土を感じる酒

結ゆい
ヒタチノメグミ

やや辛口 ミディアムライト
温度 10〜20℃

麹米＆掛米：ひたち錦 55% AL 16.0度
¥ 1,500円(720㎖) 3,000円(1.8ℓ)

酒蔵おすすめの1本
優雅で切れ良い蔵最高峰の酒

結ゆい
純米大吟醸

甘口 ミディアム
温度 5〜10℃

麹米＆掛米：赤磐雄町米 38% AL 15.0
度 ¥ 5,000円(720㎖) 11,000円(1.8ℓ)

蔵DATA
●創業年：1853年（嘉永六年）●蔵元：浦里昌明　●杜氏：浦里美智子・常陸杜氏
●住所：茨城県結城市結城1589

古き原種酒米・渡船を甦らせて醸す、常陸の地酒

渡舟
わたりぶね

茨城県 府中誉株式会社
www.huchuhomare.com

　幻となっていた酒米・渡船を復活。失われていた米を探しあて、たった14g、わずか550粒ほどの種籾を、数年かけて酒を造れる量まで栽培。酒を仕込むことに成功したのだ。渡船は、背が高く倒れやすいため栽培が難しく、好適な田んぼと、協力してくれる農家を探し出すなど、復活までの苦労は筆舌に尽くし難い。渡船は選抜淘汰された原種であり、山田錦の親系統にあたる酒米品種であるという。栽培は難しいが、酒米としてのクオリティは非常に高い。味わい良好で、口に含んだ瞬間に芳醇な味わいが広がり、辛み・甘み・酸味のバランスが心地良い。

定番の1本
渡船の米質に合う速醸酛にこだわる。
脂ののった海の幸と好相性

渡舟 純米吟醸 五十五

普通　ミディアムライト　温度　5℃

◎ 麹米＆掛米：渡船 55%
AL 15.0度
¥ 1,500円（720㎖）2,900円（1.8ℓ）

季節の1本 （販売期間：12月～3月）
生牡蠣に合う、フレッシュな渡舟

渡舟 しぼりたて生吟
（純米吟醸）

普通　ミディアムライト
温度　5℃

◎ 麹米＆掛米：渡船 55%　AL 15.0度　¥
1,440円（720㎖）2,880円（1.8ℓ）

酒蔵おすすめの1本
芳醇で最も渡舟らしい味わい

渡舟 純米吟醸
ふなしぼり

普通　ミディアムライト
温度　5℃

◎ 麹米＆掛米：渡船 50%　AL 16.0度　¥
2,000円（720㎖）3,800円（1.8ℓ）

 蔵DATA
●創業年：1854年（安政元年）　●蔵元：山内孝明 七代目　●杜氏：中島 勲・自社
●住所：茨城県石岡市国府5-9-32

五十五代目が醸す亀の尾系コシヒカリの純米大吟醸

郷乃譽 さとのほまれ

茨城県　須藤本家株式会社　www.sudohonke.co.jp

　平安時代に創業したと伝わる茨城県笠間市の須藤本家。現存する最も古い酒蔵といわれ、当主は五十五代目の須藤源右衛門さん。原料米は半径5km以内の笠間市産の亀の尾系コシヒカリで、純米大吟醸酒のみを造る。須藤さんはフランスのチーズのシュバリエの資格も持ち、日本酒とチーズの相性も説く。

定番の1本
高品質でコスパ抜群、飛び切り純米大吟醸

純米大吟醸 郷乃譽 無濾過

2007 IWC 金賞

やや辛口　ミディアムライト　温度 10〜48℃

麹米＆掛米：亀の尾系コシヒカリ 50%　AL 15.0度
¥ 1,770円(720ml) 3,540円(1.8ℓ)

蔵DATA　●創業年：詳細不明　●蔵元：須藤源右衛門 五十五代目　●杜氏：須藤本家伝承古法仕込　●住所：茨城県笠間市小原2125

結城の町の大定番！素朴な版画ラベルの辛口地酒

武勇 ぶゆう

茨城県　株式会社武勇　www.buyu.jp

　筑波山を望む北関東の要衝、結城の町は2000年前から結城紬で名高い。1867年創業の武勇は、武家の町と結城をもじって武勇と命名。出荷量の半分を占める大定番が、「武勇 辛口純米酒」。筑波山と農婦が描かれた力強い版画ラベルで、冷やから熱燗までOKの頼もしい食中酒だ。

定番の1本
切れとうまみが調和した純米らしい素朴な味わい

武勇 辛口純米酒

やや辛口　ミディアムフル　温度 常温〜48℃

麹米：酒造好適米63%　AL 15.0度
¥ 1,200円(720ml) 2,364円(1.8ℓ)

蔵DATA　●創業年：1867年(慶応三年)　●蔵元：保坂嘉男 五代目　●杜氏：保坂大二郎・越後杜氏の流れをくむ　●住所：茨城県結城市結城144

鮮烈なデビューから30年！
栃木発、世界を目指す美酒を極める

鳳凰美田

ほうおうびでん
栃木県　小林酒造株式会社
www.instagram.com/hououbiden

　フレッシュ感があり、マスカットを思わせる爽やかな味。日本酒嫌いを次々と目覚めさせた鳳凰美田。鮮烈なデビューから30年近くがたつが、今も不動の人気酒だ。美田とは小山市へ編入する前の地名、美田村に由来。1級河川の思川が流れ、地下水が潤沢で、上質な米の産地としても名高い。この土地で、米を磨き、低温で長期発酵させる吟醸造りを徹底。特製の槽で優しく搾るのも特徴だ。酒米は兵庫県の特A地区山田錦、富山県南砺市の五百万石、岡山県の雄町、栃木県が開発した夢ささらの有機栽培特上米など選び抜き、テロワールを表現し続ける。

定番の1本
控えめな香りで米の旨みを楽しむ
食中酒

鳳凰美田「劔」
辛口純米酒

| やや辛口 | ミディアム | 温度 15℃、20℃、40℃ |

⦿ 麹米＆掛米：五百万石 55%
AL 16.0度
¥ 1,400円（720mℓ）2,500円（1.8ℓ）

特別な一本
25%まで磨いた透明な洗練の味

鳳凰美田「芳PREMIUM」
生酛仕込み 純米大吟醸酒

| やや甘口 | ミディアムフル |
| 温度 15℃、20℃、40℃ |

⦿ 麹米＆掛米：夢ささら25% AL 16.0度
¥ 20,000円（720mℓ）

酒蔵おすすめの1本
吟醸香高い酒未来で醸す酒

鳳凰美田「SAKE FUTUER」
純米大吟醸酒

| やや辛口 | ミディアムライト |
| 温度 15℃、20℃、40℃ |

⦿ 麹米＆掛米：酒未来 50% AL 16.0度
¥ 1,800円（720mℓ）

蔵DATA　●創業：1872年（明治五年）●蔵元：小林甚一郎 五代目 ●杜氏：小林正樹 ●住所：栃木県小山市卒島743-1

とことん栃木にこだわり醸す「真・地酒宣言」の蔵

澤姫 さわひめ

栃木県 株式会社井上清吉商店
www.sawahime.co.jp

IWC2010日本酒大吟醸酒部門チャンピオン・サケ受賞蔵。旧奥州街道の宿場町白澤宿は、現在も水車が廻る水の町だ。仕込み水は鬼怒川伏流水、軟水でありながら適度なミネラル分を含み、酒造りにバランスが良い。酒質は後味に軽さを持たせ、料理の味を適度にふくらませた後にスッと潔く消える。飲み飽きしない食中酒。地元との連携を大事にし、早くから「真・地酒宣言」と唱え、普通酒から大吟醸酒まで、全製品の原料米に栃木県産米を100％使用している。定番酒は、蔵元が開発に携わった栃木県初の酒造好適米の生酛。澤姫フラッグシップだ。

定番の1本
「とちぎ酒14」で古風製法に挑戦した澤姫フラッグシップ

澤姫 生酛純米
真・地酒宣言

普通 ミディアム 温度 5〜15℃

◎ 麹米＆掛米：とちぎ酒14 60％
AL 15.5度
¥ 1,300円(720㎖) 2,600円(1.8ℓ)

季節の1本（販売期間：6月〜8月）
ロックで楽しめる「澤姫の夏酒」

澤姫 山廃純米
真・地酒宣言 生原酒

普通 フル 温度 0〜8℃

◎ 麹米＆掛米：ひとごこち
65％ AL 18.0度 ¥ 1,450円
(720㎖) 2,800円(1.8ℓ)

酒蔵おすすめの1本
栃木の新酒米・夢ささらで醸す

澤姫 純米吟醸 真・地酒宣言 プレミアム2014

やや辛口 ミディアムフル
温度 5〜10℃

◎ 麹米＆掛米：夢ささら
50％ AL 17.5度 ¥ 1,700円
(720㎖) 3,400円(1.8ℓ)

蔵DATA

●創業年：1868年（明治元年）●蔵主：井上裕史 五代目 ●杜氏：佐藤 全・下野流 ●住所：栃木県宇都宮市白沢町1901-1

栃木北端山奥の蔵、
清涼な空気と軟水の名人仕込み

旭興 きょくこう
栃木県　渡邉酒造株式会社

　県内トップレベルの醸造技術を持つ蔵元杜氏が、研究を重ねて醸す酒。冷やでも燗でも、何をどう飲んでもうまい。東北本線と水郡線、どちらからも最も離れている山奥、八溝山中腹の集落に酒蔵がある。八溝山は、名水百選の非常にきれいな湧水で有名。その水を求めて、明治時代に移転してきたのだ。先達の水への徹底したこだわり同様、現蔵元杜氏の技術への執着もなかなかだ。新酵母の分離や、独学での生酛造りなど、枚挙にいとまがない。定番酒の「旭興 生酛純米 磨き八割八分」は、穀物の香濃く味わい深い燗向け純米酒だ。

定番の1本
「安価で価値ある純米酒」の酒質
設計、とちぎ酒14を生酛で甘めに

旭興 生酛純米
磨き八割八分

`やや甘口` `ミディアムフル`
`温度` 熱燗からの燗冷まし

◎ 麹米＆掛米：とちぎ酒14 88%
`AL` 16.0度
¥ 1,900円(1.8ℓ)

季節の1本（販売期間：9月〜10月）
麹は山田錦48%、酒質上限に挑戦

旭興 ひやおろし
特別純米 辛口

`辛口` `ライト`
`温度` 40℃

◎ 麹米：山田錦 48%、掛米：ひとごこち 60%
`AL` 16.0度 ¥ 1,300円(720mℓ) 2,550円(1.8ℓ)

酒蔵おすすめの1本
お燗が美味！ 深みある純吟生酛

たまか
生酛純米吟醸

`普通` `ミディアム`
`温度` 45℃

◎ 麹米：雄町 50%、掛米：雄町 55% `AL`
17.0度 ¥ 1,450円(720mℓ) 2,850円(1.8ℓ)

 蔵DATA　●創業年：1925年(大正十四年)　●蔵元：渡邉脩司 四代目　●杜氏：渡邉英憲・南部流　●住所：栃木県大田原市須佐木797番地1

那須の大地から生まれた、誇りある"農業地酒"

大那 だいな

栃木県 菊の里酒造株式会社
www.daina-sake.com

　那須高原の麓・黒田原地区で、契約栽培した「那須五百万石」中心に仕込む、あえて"農業製品"を名乗る酒。大那が使う酒米のほとんどは、那須高原の麓で有機循環型農法によって栽培されている。広葉樹林の落ち葉や稲わらなどを完熟堆肥として水田に投与。水田の良質微生物の活性化を促すことで、化学肥料や除草剤等の使用を最小限に抑えることができるため、水田の地力が安定する。定番酒の「大那 超辛口純米酒」は、大那らしいミネラル感ある柔らかな飲み口。日本酒度＋10という辛さだけでない米のうまみもしっかり感じられる酒だ。

定番の1本

大那酒米研究会の酒米を使用。しっかり発酵させた辛くてうまい酒

大那 超辛口純米酒

辛口 ミディアムライト 温度 0〜60℃

◎ 麹米：五百万石60%、掛米：ひとごこち60%
AL 16.0度
¥ 1,350円(720㎖) 2,550円(1.8ℓ)

季節の1本 （販売期間：11月中旬〜1月）

ヌーボーと同日発売、祝収穫祭の酒

大那 特別純米
初しぼり

辛口 ミディアム
温度 5〜10℃

◎ 麹米＆掛米：五百万石 55% AL 17.0度
¥ 1,450円(720㎖) 2,800円(1.8ℓ)

酒蔵おすすめの1本

特A山田錦で醸す上級クラス純吟

純米吟醸
東条産山田錦

やや甘口 ミディアム
温度 5〜10℃

◎ 麹米＆掛：山田錦 50% AL 16.0度
¥ 1,850円(720㎖) 3,600円(1.8ℓ)

蔵DATA ●創業年：1866年（慶応二年）●蔵元：阿久津 信 八代目 ●杜氏：阿久津 信・下野流 ●住所：栃木県大田原市片府田302-2

土地の唯一無二の味を追求する
自然派ドメーヌ蔵

仙禽
せんきん

栃木県　株式会社せんきん
senkin.co.jp/

　木桶を復活させて酒母醪を仕込み、仕込み水と同じ水脈だけで酒米を作る。ドメーヌ化への強いこだわりに満ちた蔵。仕込み水と同じ水で育つよう、蔵の立つ場所と同じ水脈の範囲に限定し、「亀の尾」「山田錦」「雄町」の作付けを行う。鶴が飛ぶ姿をイメージした「モダン仙禽」、質実剛健な書体ラベルの「クラシック仙禽」、蔵付酵母、生酛、木桶仕込みの古代製法「仙禽オーガニックナチュール」の3本立て。「仙禽」は艶やかで豊かな果実香が中心となり、イタリアンやフレンチ向け。「クラシック仙禽」は穏やかで豊かな米の香りが中心となり、和食と好相性。

定番の1本
穏やかさと純真を味わう
日常の酒

モダン仙禽 無垢

やや甘口 ミディアム 温度 8〜12℃

◉ 麹米：山田錦 50%、掛米：山田錦 60%
AL 15.0度
¥ 1,600円(720㎖) 3,000円(1.8ℓ)

季節の1本 (販売期間：6月〜8月)
リンゴ酸多い低アルコール夏酒

仙禽 かぶとむし

やや甘口 ミディアムライト
温度 5〜10℃

◉ 麹米：山田錦50%、掛米：雄町60% AL
14.0度 ¥ 1,800円(720㎖) 3,600円(1.8ℓ)

酒蔵おすすめの1本
生酛の上品な酸で和食向き

クラシック仙禽 雄町

やや甘口 ミディアム
温度 15℃〜常温

◉ 麹米：山田錦50%、掛米：雄町60% AL
14.0度 ¥ 1,800円(720㎖) 3,600円(1.8ℓ)

蔵DATA
● 創業年：1806年(文化三年) ● 蔵元：薄井一樹 十一代目 ● 杜氏：薄井真人 ●
住所：栃木県さくら市馬場106

エレガントな生酛を醸す
大谷石造りの美しい酒蔵

惣譽

そうほまれ
栃木県　惣譽酒造株式会社
www.sohomare.co.jp

全国新酒鑑評会金賞常連の蔵。2008年、2013年、2020年、関東甲信越国税局酒類品評会「吟醸酒」の部で最優秀受賞。生酛のルネサンスを目指す酒。江戸時代から続く伝統的製法に、現代性を追求している。複雑な深みある味わいはそのままに、自家扁平精米の高品質な山田錦を丁寧に仕込むことで、かつてないエレガントな味わいの生酛を造っている。兵庫県特A地区の山田錦の使用量は全国でもトップクラス。名産地である東条産、吉川産を中心に使用。栃木県産酒造好適米の契約栽培への取り組みも早く、米生産者一人一人の顔が見える。

定番の1本
生酛で醸し熟成で成長。
複雑で深みのあるきれいな味わい

惣譽 生酛仕込
特別純米

`やや辛口` `ミディアムフル` `温度` 12℃、45℃

◎ 麹米＆掛米：山田錦 60%
AL 15.0度
¥ 1,486円(720mℓ) 2,960円(1.8ℓ)

特別な1本
高質酒米を贅沢に、プレミアム生酛

惣譽 生酛仕込
純米大吟醸

`やや辛口` `ミディアムフル` `温度` 12℃

◎ 麹米＆掛米：山田錦 45%
AL 16.0度 ¥ 3,250円(720mℓ) 6,500円(1.8ℓ)

酒蔵おすすめの1本
趣ある字は古代文字の篆書

惣譽 生酛仕込
純米吟醸

`やや辛口` `ミディアムフル` `温度` 12℃

◎ 麹米＆掛米：山田錦 55%
AL 15.0度 ¥ 2,500円(720mℓ) 5,000円(1.8ℓ)

蔵DATA
●創業年：1872年(明治五年) ●蔵元：河野 遵 五代目 ●杜氏：秋田 徹・南部流
●住所：栃木県芳賀郡市貝町大字上根539

気鋭の杜氏が醸す、
陶器の町・益子の酒蔵

望 bo: ぼう

栃木県　株式会社外池酒造店
https://tonoike.jp/

　昭和初期、民芸運動指導者の濱田庄司氏が窯を築き、作陶の一大拠点となった益子町。町唯一の酒蔵が外池酒造店だ。蔵を改造した酒造展示館に、売店とカフェも併設し、酒を楽しく紹介する。2015年から杜氏を務める小野誠さんは、全国新酒鑑評会で金賞、関東信越国税局酒類鑑評会で最優秀賞など、さまざまな鑑評会で上位入賞の常連。「米、酵母、造りの可能性を試し、最適な酒造りに絞り込みます」と杜氏。酒母だけで普通速醸、中温速醸、生酛、高温山廃を、米は10種類以上も使いこなす達人だ。純米大吟醸から、どぶろく、焼酎まで名品を醸す。

定番の1本
「雄町」を低温で丁寧に醸した
上品なうまみと華やかな香り

望 bo: 純米大吟醸
雄町 無濾過生原酒

甘口　ミディアムフル　温度 5〜15℃

麹米＆掛米：雄町 50%

AL 16.0度

¥ 2,000円(720㎖) 3,800円(1.8ℓ)

季節の1本 (販売期間：12月)
栃木の新酒米と酵母で丁寧に醸す

望 bo: 純米吟醸
夢ささら 初しぼり
生原酒

やや甘口　ミディアム　温度 15℃以下

麹米＆掛米：夢ささら 55%　AL 16.0度

¥ 1,700円(720㎖) 3,200円(1.8ℓ)

酒蔵おすすめの1本 (販売期間：9月)
軽快な酸味と米のうまみを調和

望 bo: 生酛純米
無濾過瓶燗火入れ

普通　ミディアムフル　温度 10〜55℃

麹米＆掛米：秋田酒こまち 65%　AL 16.0度

¥ 1,600円(720㎖) 3,000円(1.8ℓ)

蔵DATA　●創業年：1937年(昭和十二年)　蔵元：外池茂樹 三代目　●杜氏：小野 誠・南部流　●住所：栃木県芳賀郡益子町大字塙333番地1

戦後初の純米酒蔵。
良い米、純米、熟成の酒造り

神亀
ひこ孫

しんかめ
ひこまご

埼玉県 神亀酒造株式会社　shinkame.co.jp

　戦後しばらくの間、米と米麹だけで造る純米酒は一本も醸造されなかった。米不足などの理由から蒸留アルコールで薄め、糖類や酸味料を加えた添加酒が開発された。低コストで利益率が高く、米余りの時代になっても続いた。戦後、初めて純米酒に取り組んだのが神亀酒造の小川原良征さんだ。千葉県三里塚の五百万石や徳島県の阿波山田錦など、産地に出向いて米を選び、蓋麹製法で麹を造り、丁寧に自重だけで醪を搾った。さらに熟成させて、うまみやコク、切れ味を調和。そうしてできた純米酒は、出汁と合い、中でも純米大吟醸の燗酒は最上の美味。

定番の1本
うまみと切れとコクの調和。
アチチ燗から燗冷ましまでうまい

神亀 純米酒

`辛口` `フル` `温度 70℃`

麹米＆掛米: 酒造好適米 60%
`AL` 15.5度
`¥` 1,526円(720ml) 3,052円(1.8ℓ)

特別な1本
深くなめらかな7号酵母の純吟

ひこ孫
純米吟醸

`辛口` `ミディアムフル`
`温度 45℃`

麹米＆掛米: 山田錦 50%　`AL` 16.0〜
16.9度　`¥` 2,600円(720ml) 5,200円(1.8ℓ)

酒蔵おすすめの1本
最高に燗がうまい純米大吟醸

ひこ孫
純米大吟醸

`やや辛口` `ミディアム`
`温度 40℃`

麹米＆掛米: 山田錦 40%　`AL` 16.0〜
16.9度　`¥` 5,600円(720ml) 11,800円(1.8ℓ)

蔵DATA　●創業年:1848年(嘉永元年) ●蔵元:小川原貴夫 八代目 ●杜氏:太田茂典・南部流 ●住所:埼玉県蓮田市馬込3-74

全国初の全量純米蔵

昭和62年に全ての酒を純米酒にした、戦後初の蔵、神亀酒造の七代目 故・小川原良征さんに教わった

合言葉は「コメ・コメコージ」

Q.どうして日本酒にアルコールが添加されたのですか?
A.「凍らない日本酒と米不足のためです」

「第二次世界大戦の最中、満州に進出を決めた日本軍。兵士のために、マイナス20℃でも凍らない日本酒が必要になりました。ウオツカやウイスキーなどの蒸留酒と違い、アルコール度数の低い醸造酒、日本酒は厳寒の地では凍ってしまいます。そこで、別の蒸留アルコールを添加することが国で認められました。また、戦争で米不足となり、水増しする技術も必要だったのです。薄めただけでは、ただ味が薄くて辛いだけの酒になるため、味調節のための糖類、酸類、アミノ酸類を加えた増醸酒が生まれたのです」

日清・日露戦争では多くの軍艦が建造されましたが、その費用のほとんどは酒税!なんと日露戦争時は国家税収の35%が酒税でした(今は2%)。日本酒が軍艦に変わったともいえます。酒税徴収のため、どぶろくが製造禁止になったのです。

Q.なぜ純米酒がいいのですか?
A.「米を食べてるのと同じことだから」

「日本の優れた出汁文化は、米を食べ、米の酒を飲むことでバランスよく成り立ちます。日本が抱える健康問題や環境問題にも和食は大きく貢献します。醸造用アルコールを添加した日本酒から、純米酒に切り替えることで、より多くの上質な田んぼが必要になります。農薬や化学肥料に頼らない酒米を育てていただくには信頼関係です。そして譲ってもらった貴重な米を丁寧に時間をかけて、精魂込めて醸し、出汁がきいた和食に合う酒にする。豊かな田んぼを一緒に育むのが純米酒なのです」

飲み比べれば、ハッキリ違う純米酒。とはいえ、「米だけの酒」という商品や、液化酵素でスピーディーに造った酒、酒粕に蒸留酒を混ぜた合成酒まであり、どんな酒も売り場では「日本酒」でひとくくり。違いがひと目ではわかりにくいのが難。買う時は、裏の原材料を要確認!合言葉は「コメ・コメコージ」。

日本酒文化をパリから世界に！
フルーティで斬新な酒を発信

WAKAZE

わかぜ
東京都　株式会社WAKAZE
https://www.wakaze-store.com/

　WAKAZEとは「世界に和の風を吹かせる」ことだと代表の稲川琢磨さん。オーク樽熟成の酒や、果実やハーブ、茶葉を醪と発酵させた斬新な酒を手掛ける。2018年に「その他の醸造酒免許」を取得し、WAKAZE三軒茶屋醸造所を開始。4.5坪に200ℓのタンク4本で、どぶろくと年間30種類以上のボタニカル酒を発表(現在は休業中)。2019年、フランス・パリ近郊に450㎡の敷地に2,500ℓタンク12基のKURA GRAND PARISを開設した。現地の硬水で仕込んだ酒を日本へも輸出。2022年、フランス・パリ5区に直営レストランWAKAZE PARISをオープンした。

定番の1本(フランス)
日本の伝統とフランス文化の融合が醸す酒

THE CLASSIC

普通　ライト　温度 5〜10℃

◎ 麹米＆掛米：山形県産つや姫 90%　AL 13.0度
¥ 3,300円(750㎖)

酒蔵おすすめの1本(東京)
ベリーのフレッシュな飲み心地

FONIA 〜 berry mix 〜 recipe no.057

やや辛口　ライト　温度 5〜10℃

◎ 麹米＆掛米：山形県産つや姫 60%　AL 15.0度
¥ 2,500円(500㎖) 副原料：ブルーベリー、ラズベリー、クランベリー

 蔵DATA　●創業年：2016年(平成二八年) ●蔵元：稲川琢磨 初代

写真上から 3点は、「KURA GRAND PARIS」。南仏産ジャポニカ米、硬水、Bio酵母で醸造。下3点は、東京の「WAKAZE三軒茶屋醸造所」(休業中)。

新規免許が下りない日本酒 vs 造り手も味も変化のどぶろく!

　今の日本では、ワイナリーやブルワリーの新規免許は下りても、低迷する日本酒は、既存酒蔵保護のため、新規免許の道が閉ざされている。日本酒の出荷量は1973年の177万klをピークに減少し、現在は50万klを割る。4000場あった酒蔵は、今や1800場(免許場数)。日本酒の輸出が好調といわれるが、製造量の5%にすぎない。

　「新規参入がない状況は、低迷を招く」とWAKAZE代表の稲川琢磨さん。稲川さんは、清酒免許が下りないならばと、委託醸造で樽熟成の酒や、果実とハーブを醪と一緒に発酵させた酒を企画設計。卸を通さず、小売店や飲食店に直接販売して実績を積んだ。2018年に、「その他の醸造酒」の免許を取得し、左ページで紹介のWAKAZE三軒茶屋醸造所を開設。立ち上げを担った初代醸造責任者は、造り酒屋に生まれ育った創業を共にした今井翔也さんだ。

　清酒は醸造できないが、この制限がかえって新しい発想を生んだ。「ボタニカル酒は酵母の力で新しい風味が生まれ、調和した酒。リキュールが味の足し算なら、ボタニカル酒は累乗の掛け算です。どぶろくは米粒がはじけて味が広がるのが醍醐味。搾って酒粕と分ける清酒よりも加減が難しく、鍛えられる酒です」。

　2019年からフランス・パリ近郊の自社醸造所 KURA GRAND PARIS を創立し清酒を醸す。世界的な食文化の発信地に醸造所を構えることで、酒文化の発信拠点としての役割を担う。

ヤゴからトンボまで成長追うラベルが評判の栽培醸造蔵

いづみ橋
いづみばし
神奈川県 泉橋酒造株式会社
www.izumibashi.com

　東京近郊、海老名の住宅街の中で、酒米作りから酒造りまで行う全国でも数少ない栽培醸造蔵。「酒造りは米作りから」の信念のもと、自家扁平精米、醸造まで一貫して行っている。地元での酒米栽培の中心は、契約農家と蔵で組織するさがみ酒米研究会。土作りと、減農薬および無農薬栽培技術の研究に注力している。酒造りは、蔵元が先頭に立っての手造り中心。信頼できる米を丁寧に仕込み、「いづみ橋を囲みながら話が弾み、気づくと杯を重ねているような、心地よく酔える酒を目指している」と蔵元。とんぼのラベルシリーズが、大好評。

定番の1本
海老名産山田錦で醸した地酒。
冷やから燗までオールマイティ

いづみ橋 恵 純米吟醸

辛口 ミディアムライト 温度 15℃

麹米：山田錦 55%、掛米：山田錦 58%
AL 16度
¥ 1,600円(720mℓ) 3,100円(1.8ℓ)

季節の1本（販売期間：9月〜12月）
実りの秋のLOVEとんぼラベル

いづみ橋 秋とんぼ
生酛純米酒

辛口 ミディアムフル
温度 50℃

麹米：山田錦 70%、掛米：山田錦 80%
AL 16度 ¥ 1,600円(720mℓ) 3,000円(1.8ℓ)

酒蔵おすすめの1本
生酛造りの芳醇な旨酒

いづみ橋 生酛仕込
黒とんぼ

やや辛口 ミディアムフル
温度 45℃

麹米：山田錦 60%、掛米：山田錦 65%
AL 16度 ¥ 1,800円(720mℓ) 3,500円(1.8ℓ)

蔵DATA
●創業年：1857年（安政四年）　●蔵元：橋場友一 六代目　●杜氏：橋場友一
●住所：神奈川県海老名市下今泉5-5-1

ノギの長い亀の尾の稲穂

地元で栽培する海老名産の山田錦

蔵内にある酒友館。お正月とお盆以外は試飲や買物ができる。

風土と歴史と人、そして、酒へ

―― いづみ橋・蔵元　橋場友一 ――

　神奈川県海老名市にある泉橋酒造は、江戸期の1857年創業。現在では「酒造りは米作りから」を信条に酒米栽培から精米、醸造までを一貫して行う栽培醸造蔵です。戦後続いた食管法の廃止を契機に平成8年から自社での栽培を開始、さらに消防団の先輩を中心に酒米研究会を作りました。毎年少しずつ栽培面積を増やしながら、令和2年度は自社栽培分も含め約46町歩(ha)、原料米の9割以上を栽培しています。

　メインの酒米は山田錦、令和元年度の神奈川県の栽培実績は全国20番目の生産量にまでなりました。最近では地元の在来大豆を使用した米麹味噌や丸大豆醤油も造っています。お酒は、全て純米酒、料理の素材の味を活かす旨辛口で優しい味に仕上げています。

　この海老名の地は、平安時代には相模國の国分寺が置かれた場所。丹沢山系に端を発する相模川の流域には太古から耕地が拓かれ、その歴史はざっと千年以上。ミネラルたっぷりの地下水も潤沢です。農業を支える研究会の人たちは生産者さんが7軒、神奈川県農業技術センターにJAや役所、用水路組合、そして、社員とさまざま。まさに酒蔵は、地域の風土・歴史、そして人から活かされている存在。感謝しつつ、米を大切に酒造りをしています。

燗してうまい食中酒を目指す
神奈川の名峰蔵

丹沢山
隆

たんざわさん
りゅう

神奈川県 合資会社川西屋酒造店

　丹沢山塊と箱根に挟まれ、神奈川にありながら童謡に唱われそうな、のどかな山間にある「丹沢山」の蔵。ここには酒販店に引率されて訪れるファンが引きも切らない。神奈川地酒の魁蔵で、「丹沢山」と「隆」の、味わい違いの2本立て。「隆」は米の品種ごとに仕込んだ瓶熟成、フレッシュ感が楽しめる。「丹沢山」はタンク貯蔵、2年前後の熟成を経て、燗を中心に楽しむ純米酒だ。これら以上に「澤」の字にもこだわった「丹澤山　麗峰」もあり、複数年度のタンクで熟成させた酒をブレンド、絶対に燗推奨の酒。どの酒も、燗するとスパッと軽やかに切れる。

定番の1本
地元の若水を使った
燗がうまい定番食中酒

丹沢山 吟造り純米

普通 ミディアム 温度 15〜50℃

◎ 麹米＆掛米：足柄若水 55%
AL 15.0〜16.0度
¥ 1,400円（720mℓ）2,900円（1.8ℓ）

季節の1本（販売期間：12月〜1月）
年末年始限定のフレッシュ槽搾り生

丹沢山 純米吟醸
たれくちの酒

やや辛口 ミディアムフル
温度 0〜50℃

◎ 麹米＆掛米：足柄若水 55% AL 18.0〜19.0度 ¥ 1,850円（720mℓ）3,700円（1.8ℓ）

酒蔵おすすめの1本
隆フラッグシップ漆黒、白文字ラベル

隆 純米大吟醸 黒

やや甘口 ミディアム
温度 15〜35℃

◎ 麹米＆掛米：山田錦特上 40% AL 17.0〜18.0度 ¥ 4,700円（720mℓ）9,400円（1.8ℓ）

蔵DATA　●創業年：1897年（明治三十年）●蔵元：露木雅一 四代目 ●醸造責任者：二宮悠 ●住所：神奈川県足柄上郡山北町山北250

白麹から低アルコール、
新技術に挑み続ける山間の酒蔵

残草蓬莱
昇龍蓬莱

ざるそうほうらい
しょうりゅうほうらい

神奈川県 大矢孝酒造株式会社 www.hourai.jp

　大矢孝酒造が立つ愛川町は神奈川県といっても山間の自然豊かな田舎町。祖先は武士。戦国時代の山岳戦、武田信玄と北条氏康が戦った三増峠の戦いで、北条方の騎馬隊長として出陣し、戦場近くに住んだという。今は八代目の大矢俊介さんが杜氏を務め、全量純米酒を醸す。銘柄の残草とは地域の古名で大矢家の屋号。速醸酛造りの軽やかな酒。もう1つの銘柄の昇龍はうまみがある生酛造り。どちらも食事に合うクリアーな酒質で芯がある。燗酒がうまく、居酒屋が重宝する。「温故知新の精神が重要。伝統とは成功した改革の遺産」が大矢さんの持論だ。

定番の1本
ふくよかで滋味深い酒。
お燗するとさらに美味

残草蓬莱 特別純米酒

`やや辛口` `ミディアム` `温度` 50℃

◎ 麹米＆掛米：山田錦・美山錦 60%
AL 15.0度
¥ 1,250円(720mℓ) 2,500円(1.8l)

季節の1本 (販売期間：3月～8月)
メロンの様な香り、蔵元55℃燗推奨

昇龍蓬莱 生酛純米
山田錦75 生原酒

`やや辛口` `ミディアム`
`温度` 55℃

◎ 麹米＆掛米：山田錦 75% AL 17.0度
¥ 1,500円(720mℓ) 3,000円(1.8ℓ)

酒蔵おすすめの1本
甘辛い佃煮、甘露煮とも合う

残草蓬莱 純米吟醸
出羽燦々50

`やや辛口` `ミディアムライト`
`温度` 45℃

◎ 麹米＆掛米：出羽燦々 50% AL 15.0度
¥ 1,500円(720mℓ) 3,000円(1.8ℓ)

蔵DATA
●創業年：1830年(文政十三年) ●蔵元：大矢俊介 八代目 ●杜氏：大矢俊介
住所：神奈川県愛甲郡愛川町田代521

日本酒ほどバラエティに富む酒は世界でも珍しい！
醸造の違い、火入れの違い、熟成の違いで11種類もある。

日本酒の種類

❶ 活性にごり酒
（瓶内二次発酵＝シャンパンタイプ。酵母が瓶内で生きたまま）

❷ にごり酒（醪を粗濾しした酒）

❸ 生酒または本生（一度も火入れをしていない生の酒。生々ともいう）

❹ 生貯蔵酒（生で保管し、出荷時に一度火入れをした酒）

❺ 生詰め＝ひやおろし
（一度火入れをしてそのまま瓶に詰めて出荷する酒。ひやおろしは
秋まで保存して出荷したもの）

❻ ２回火入れの酒＝通常の酒

❼ 原酒（水を加えていない酒）

❽ 加水した酒（水を加えた酒）

❾ 新酒（出来たての酒）

❿ 古酒（１年以上、熟成した酒）

⓫ 貴醸酒（酒で酒を仕込んだ濃くて甘くて茶色い酒）

普通じゃない普通酒

普通酒の定義とは、酒税法で決められた「特定名称酒」以外の清酒のこと。「米・米麹・醸造アルコール」以外の、糖類や酸類など、副原料が添加され、安い酒に多い。その一方で、全量純米蔵なのに「普通酒」を造る蔵もある。その理由は何か。実は「特定名称酒」を名乗るには、農産物検査法による検査基準、等級検査を受けた米で造らなくてはならない。規格外米は粒が小さいなどの理由で落ちたもの。味が悪いわけではない。そこで、等級外になった米と米麹で酒を造る蔵もあるのだ。米と米麹だけで造った酒でも、普通酒に分類されるが、普通酒は表示義務がないため、それぞれの蔵で工夫を凝らした商品名がついている。「飛良泉27」は毎年6月に発売される27%精米の純米大吟醸クラスの酒。醸造アルコール、もちろん糖類無添加で、本格的な純米大吟醸と同じ造りだ。毎年、待ってましたという客で、即完売する人気商品。獺祭では「等外」、初亀では「PREMIUM PURE」、辨天娘は「青ラベル」という名前で販売している。いずれも原材料は米・米麹だけ。知る人ぞ知るお得な米だけの普通酒なのである。

飛良泉27 （販売期間：6月〜）

◎ 麹米＆掛米：27% AL 15.0度
¥ 1,300円（720ml） 2,500円（1.8ℓ）

株式会社飛良泉本舗
秋田県にかほ市平沢字中町59
www.hiraizumi.co.jp

泡

スパークリング sake

これが日本酒?
まるでシャンパンのように
炭酸ガスが弾ける泡タイプの日本酒が大人気。
炭酸ガスを注入せず、瓶内二次発酵の本物をセレクトした。
爽やかで喉越しがよく、はじめの一杯やお祝い酒にもおすすめ。
フレッシュ、ドライ、クリーミーと酒蔵によって、
泡の味にも違いがある。新鮮な香りと味は、料理も引き立てる。

獅子の里 活性純米吟醸生酒 鮮（せん）

20年前「日本酒のシャンパンタイプを造れないか」と当時のホテルオークラ総料理長から相談をうけて開発したロングセラー泡酒。新鮮な含み香、フレッシュな味わいから新鮮の「鮮」と料理長が命名。道場六三郎さんからは「名前通り、魚と肉（羊だけでなく）にあう」とお墨付き。さらにガス圧を高め、耐圧瓶に変更。よりフレッシュでドライ、きめ細かい泡がたつようにした。安倍内閣主催のアフリカ開発会議公式晩餐会では乾杯酒にも選ばれた。八反錦60％使用。1,900円（500ml）。松浦酒造有限会社 www.shishinosato.com

p.101 参照

瓶内二次発酵・七賢
スパークリング 山ノ霞、杜ノ奏

スパークリングのバラエティが多い七賢の中でも、おりを残したタイプが「山ノ霞」。麹の甘みに、フルーティな吟醸香が調和。この他に、クリアタイプの「星ノ輝」、同じ地元のサントリー白州蒸溜所のウイスキー樽に寝かせた唯一無二の「杜ノ奏」、仕込み水の代わりに純米酒を用いた贅沢仕様の「空ノ彩」もある。様々な泡酒の可能性に力を注ぐ。「山ノ霞」1,000円（360ml）、1,800円（720ml）。「杜ノ奏」10,000円（720ml）、20,000円（1440ml）。
山梨銘醸株式会社
www.sake-shichiken.co.jp/

獺祭 純米大吟醸スパークリング45

山田錦で純米大吟醸しか造らない獺祭の発泡にごり酒。「発泡酒だからこそ分かる山田錦の米の甘みがあります。瓶内二次発酵が生み出す爽やかな発泡性と、最後に繊細かつ骨太の純米大吟醸が見せる鮮やかな切れ味を楽しんでほしい」と蔵元。930円（360ml）、1,860円（720ml）。旭酒造株式会社 www.asahishuzo.ne.jp

p.184 参照

ゆきの美人 純米吟醸酒
活性にごり生

p.35 参照

ワイン好きの蔵元杜氏が四季醸造する日本酒蔵の、しぼりたての生酒を瓶内発酵させた活性にごり。徹底した小分けによる洗米、全量麹蓋を用いた麹作りはスパークリングも同様。お得意の麹米・山田錦55％、掛米・秋田酒こまち55％の組み合わせで、すっきり品のいい甘み＋クリアーな酸が清々しい。プリント瓶なので氷水に長時間つけても平気。年4回（2月・6月・9月・12月）発売。1,800円（720ml）。秋田醸造株式会社

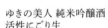

MIZUBASHO PURE

2008年に誕生した瓶内二次発酵製法の日本酒で、美しい一筋泡が立ち上がるクリアーな泡の酒。「世界に誇る乾杯酒に！」と永井則吉さんがフランスシャンパーニュで製法を学び、試行錯誤して完成。チェリーやライチの香味にシルキーな口当たりの泡が特徴。製造方法、品質の厳格な基準を定め、2016年にawa酒協会を設立し理事長に。現在25蔵が加盟する。4,500円（720ml）。永井酒造株式会社 www.nagai-sake.co.jp/

日本酒の原料は米と水。どんな米を選ぶかで酒の味が決まる。
近年は自然栽培の米や、栽培と醸造を一貫して行う蔵も増えた。
農から始まる酒造り。米に情熱を注ぐ純米酒を紹介！

カリスマ農家の名入り酒

「良い酒を造るにはプライドと誇りがある良い米が必要」三浦幹典さん

黒澤米

　30年以上農薬不使用という宮城県・涌谷町のベテラン農家、黒澤重雄さんが育てる山田錦の酒。田んぼにはカブトエビなど様々な生き物が生息する。自然の力で育んだ山田錦を45％まで磨き、宮城酵母で醸した正真正銘、宮城の地酒。まろやかなうまみ、生命力を感じる格別の味だ。

p.30 参照 綿屋　純米大吟醸 黒澤米山田錦
2,500円 720㎖／金の井酒造

「この地でしか造り得ない酒を目指す」青島 孝さん

松下米

　青島酒造の信念は「酒造りは米作りから」。20年以上地元稲作農家、松下明弘さんと一緒に無農薬無化学肥料の有機栽培で山田錦を自家栽培している。40％磨きのこの酒は、穏やかな吟醸香で、酸度が少なく、爽やかで優しい甘み。蔵元が理想とする静岡型だ。透明感の突き抜け方が素晴らしい。

p.128 参照 喜久醉　純米大吟醸 松下米40
4,500円 720㎖／青島酒造

蔵で育てる自然米の酒

「土産土法の酒造り」 高橋亘さん

会津娘の純米酒は地元会津産の五百万石を使用。中でも「無為信（むいしん）」は蔵から半径5km以内の自社田で、蔵元と蔵人が栽培を手がけた有機米五百万石。米のうまみがやわらかで、飲むほどに優しい気持ちになる。

会津娘 無為信 特別純米酒
1,800円 720ml／株式会社髙橋庄作酒造店

「酒は健康に良い飲み物でなければならない」 仁井田穂彦さん

日本の田んぼを守る酒蔵を目指し、米は全て化学肥料・農薬不使用の「自然米」。蔵元の名前に受け継がれる「穏」をひらがなにして冠するこの酒は、25BYから白麹の力で造る「自然派酒母」に。メロンの香りと、切れあるうまみが爽やか。気分をリフレッシュさせる。

おだやか 純米吟醸
1,500円 720ml／仁井田本家

環境特Ａ地区 コウノトリ米

「一粒の米にも無限の力あり」 田治米博貴さん

コウノトリ育む農法とは、田んぼでお米を作るだけでなく、コウノトリの餌になる生き物も一緒に育てること。もちろん、農薬は一切不使用。こうして育てたコウノトリ米・山田錦を40％まで磨き、米のうまみを最大限に発揮させた特別な1本「幸を呼ぶ酒、ぜひシャンパングラスで飲んで」と蔵元。

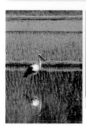

竹泉 純米大吟醸 幸の鳥
5,000円 720ml／田治米合名会社

このお酒一升で8㎡の田んぼが無農薬に。写真 田治米合名会社

地域名を酒の名に

西田 (にした)

　世界遺産、石見銀山がある島根県大田市の温泉津町西田地区はヨズクハデという伝統的なハデ干しが伝わる米どころ。西田在住の中井秀三さんが育てた山田錦を、酵母無添加の生酛造りで醸した酒は「生酛らしからぬ品の良さがある」と蔵元。ボディしっかり、米の力強さが存分に味わえる。

 開春 西田 純米生酛仕込
p.171参照　1,455円 720mℓ／若林酒造有限会社

松倉 (まっくら)

　秋田県大仙市の松倉地区で40年以上、農薬化学肥料を使用しない篤農家が育てた特別栽培米「秋の精」を全量使用。自然の恵みをたっぷりうけたのびやかな味わいの辛口純米酒。まろやかで素直なうまさがたまらない。舞茸の炭火焼や焼き鳥とも相性抜群。

 自然米酒 秋田松倉
p.45参照　1,920円 720mℓ／秋田清酒株式会社

真人 (まなびと)

　「真人とは自然に任せ、成否を得意とせず、真ともな人」の意。まんさくの花が自生する秋田県横手市真人山麓で、有機農法を手がける酒米研究会が育てた酒米は独特の持ち味。その米を、自然界の乳酸菌で仕込む生酛造りで骨太の純米酒に仕上げた。

 生酛純米 真人
p.40参照　1,300円 720mℓ／日の丸醸造株式会社

北陸・甲信越の酒

　北陸と甲信越も、東北に次いで冬の平均気温が低く、酒質はきれいな傾向だ。栽培される酒米は五百万石と美山錦が多く、特に富山県の五百万石はブランドにもなっている。一世を風靡した淡麗辛口酒向けの酒米もこのエリアに多い。蟹や鰤、ホタルイカなど上質な魚介類をはじめ食材が豊富で、冬場に雪の閉ざされる環境から、その食材を加工する技術が発達してきた。金沢料理に代表される食文化のレベルも高い。必然的に、酒は食に負けない力強い酒質が多くなった。

酒米は全て根知谷産。
栽培から地酒を貫く山間の蔵

根知男山

ねちおとこやま

新潟県　合名会社渡辺酒造店
www.nechiotokoyama.jp

　地元「根知谷の気候風土を、その生産年ごとに映し出す」ことを目標とする、根知谷テロワール・ヴィンテージの酒。原料米はすべて根知谷。自社田が95%で、新潟県が品種改良した酒米の五百万石と越淡麗を栽培。酵母は新潟県醸造試験場から選んだ穏やかな香りのＧ９酵母と、花から自家採取したオリジナル酵母を使用する。定番酒「根知男山 純米吟醸」は、根知谷の軽快な水と五百万石の柔らかな味わいが楽しめる、まさに根知谷の酒だ。根知谷は糸魚川からほど近く、日本百名山の一つ雨飾山をいただき、戦国の名将・村上義清の居城、根知城も近い。

定番の1本
**根知谷の穏やかな日照の傾斜地と
風吹く田園風景を醸し込む**

根知男山 純米吟醸

普通 ミディアムライト 温度 14℃

🍶 麹米＆掛米: 五百万石 55%
AL 15.0度
¥ オープン価格

特別な1本
ザ・五百万石の純米酒

根知男山 純米酒

普通 ミディアム
温度 10℃

🍶 麹米＆掛米: 五百万石 60% AL 15.0度
¥ オープン価格

酒蔵おすすめの1本
蔵で分離した天然酵母を使用

根知男山
蔵元分離酵母仕込

普通 ミディアム
温度 14℃

🍶 麹米＆掛米: 五百万石 55% AL 16.0度
¥ オープン価格

蔵DATA　●創業年: 1868年（明治元年）●蔵元: 渡辺吉樹 六代目 ●杜氏: 杜氏制なし・新潟流 ●住所: 新潟県糸魚川市根小屋1197-1

『北越雪譜』ゆかりの酒銘鶴齢。
雪と米の聖地で醸す

鶴齢　かくれい
新潟県　青木酒造株式会社
www.kakurei.co.jp

「我住む魚沼郡は日本第一に雪の深く降る所なり」魚沼出身の随筆家で「鶴齢」の名付け親、鈴木牧之が名著『北越雪譜』の中で書いている。この雪が巡って、鶴齢の仕込み水となる。鶴齢の淡麗旨口に最も適した軟水だ。鶴齢の味わいは、淡麗の中にもふくらみがあり、香味が調和して心地よい余韻を感じる。越後上布で知られる塩沢の町は「三国街道塩沢宿　牧之通り」と町並み整備を行った。酒蔵は、通りの一角に立っている。定番酒「鶴齢 純米吟醸」は、新潟県産越淡麗を100％使用し米の特性を活かした味わい。幅広い温度帯で楽しめる。

日本酒
魚沼謙水
KAKUREI Junmai-Ginjo
純米吟醸

定番の1本
五味の調和を求めた、飲み飽きしない切れ良い純吟

鶴齢 純米吟醸

普通　ミディアム　温度 5〜50℃

◎ 麹米＆掛米：越淡麗 55％
AL 15.5度
¥ 1,500円（720㎖）　3,000円（1.8ℓ）

季節の1本（販売期間：9月〜10月）
スパイシーな料理にも合う秋酒

鶴齢 特別純米 ひやおろし

普通　ミディアムフル
温度 5〜43℃

◎ 麹米＆掛米：山田錦 55％　AL 16.5度
¥ 1,550円（720㎖）　3,100円（1.8ℓ）

酒蔵おすすめの1本
キリッとした辛口はまさに雪男

雪男 純米酒

辛口　ミディアムライト
温度 5〜60℃

◎ 麹米＆掛米：美山錦 55％　AL 15.5度
¥ 1,400円（720㎖）　2,500円（1.8ℓ）

蔵DATA　●創業年：1717年（享保二年）●蔵元：青木貴史 十二代目 ●杜氏：樋口宗由・越後流 ●住所：新潟県南魚沼市塩沢1214

豪雪の里ならでは、雪解け水の如き淡麗な味わい

八海山
はっかいさん
新潟県 八海醸造株式会社
www.hakkaisan.co.jp

八海山の麓、豪雪地帯の米どころ南魚沼の酒蔵。三代目南雲二郎さんは品質向上を突き進め、普通酒も吟醸同様に米を磨き、八海山系伏流水の極軟水「雷電様の清水」で、長期低温発酵を徹底。酒蔵の高度な麹の味を伝えたいと麹の甘酒を商品化し、市場を切り開いた。蔵周りには雪国文化が楽しめる「魚沼の里」を構想。雪室にクラフトビール、蕎麦、一般開放する社員食堂など発酵が見て味わえる。定番酒を30年ぶりに見直し、新たに純米大吟醸を発売。山田錦と五百万石に美山錦を組み合わせ、精米は45%。透明感ある上品な甘さ、切れがある最高の食中酒だ。

定番の1本
山田錦と五百万石に美山錦を組み合わせ 切れの良い飽きのこない酒に

純米大吟醸 八海山

やや辛口　ミディアムライト　温度 10〜40℃

麹米：山田錦45%
掛米：山田錦・五百万石・美山錦他45%

AL 15.5度

¥ 2,060 円(720㎖) 4,000円(1.8ℓ)

季節の1本（販売期間：6月〜8月）
低温発酵醪で醸した軽やか特純

特別純米原酒 八海山

やや辛口　ミディアムフル
温度 -12℃

麹米：五百万石 55%、掛米：山田錦 他 55%

AL 17.5度　¥ 1,533 円(720㎖) 3,072円(1.8ℓ)

酒蔵おすすめの1本
上品な甘みと繊細な泡

瓶内二次発酵酒 あわ 八海山

やや甘口　ミディアムライト　温度 0℃

麹米：山田錦50% 掛米：山田錦・五百万石・美山錦他50% AL 13.0度

¥ 1,900 円(360㎖) 3,000円(720㎖)

蔵DATA　●創業年：1922年（大正十一年）●蔵元：南雲二郎 三代目　●杜氏：田中勉・野積流　●住所：新潟県南魚沼市長森1051

フレッシュでモダン！
みずみずしい爽快さが楽しめる新星

加茂錦　かもにしき

新潟県　加茂錦酒造株式会社
kamonishiki.com/

　2016年に誕生したブランド「荷札酒」は、フレッシュでクリーン、白い花や白桃にほのかなビター感を併せ持つ美酒。杜氏を務めるのは、1992年生まれの田中悠一さん。若き醸造家ながら研究熱心で、各地の名酒を利き酒しては分析し、20年分の醸造協会誌を熟読。電気と機械にめっぽう強く、洗米機を改造し、麹の温度管理システムも開発。様々な酒米や酵母を使い分け、みずみずしい中に緻密で爽快さが楽しめる純米大吟醸を醸す。荷札酒のラベルにはタンク番号が記載され、同銘柄のタンク違いの飲み比べも面白い。今も猛スピードで酒質が進化中だ。

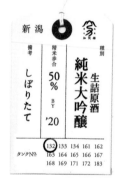

定番の1本

フレッシュで爽快なうまさ
新世代が醸す感動的な美酒

荷札酒 生詰原酒
純米大吟醸

普通　ミディアムライト　温度 10℃前後

◎ 麹米：山田錦 50%、掛米：五百万石 50%
AL 15.0度（原酒）
¥ 1,480円（720㎖）2,980円（1.8ℓ）

季節の1本 （販売期間：不定期）
豊潤な雄町の絶妙な甘酸バランス

荷札酒 備前雄町
純米大吟醸

普通　ミディアム
温度 10℃前後

◎ 麹米：山田錦 50%、掛米：備前雄町 50% AL
15.0度（原酒）¥ 1,880円（720㎖）3,680円（1.8ℓ）

酒蔵おすすめの1本
洗練極まる山田錦と愛山の最高峰

加茂錦
BRILLIANCE
播州愛山

普通　ミディアム　温度 12～17℃

◎ 麹米：東条山田錦 35%、掛米：播州愛山
40% AL 15.0度（原酒）¥ 3,500円（720㎖）

蔵DATA　●創業年：1893年（明治二十六年）　●蔵元：田中康久 六代目　●杜氏：田中悠一
●住所：新潟県加茂市仲町3-3

全ての酒に大吟醸と同じだけの
手間と愛情をかける

羽根屋 はねや

富山県　富美菊酒造株式会社
www.fumigiku.co.jp

「全ての酒を大吟醸と同じ手間暇をかけて醸す」と蔵元杜氏の羽根敬喜さん。四季醸造により、一年を通じてフレッシュな酒を提供する。酒米は富山産の「富の香」、「五百万石」、「山田錦」を主に、原料処理から力を注ぐ。米はザルに入れて秒刻みで吸水調整し、麹は少量単位で蓋麹と箱麹を使って丁寧に造る。仕込み水は、立山連峰を源水とする常願寺川水系の天然水。できた酒は全量、瓶詰めした状態で保管する瓶囲いで低温貯蔵する。軽やかで輝きあるクリアーなうまみ、芳醇な余韻が印象的な味に仕上げ、富山の風土の美しさを表現する。

定番の1本
四季醸造蔵ならではの生酒、一年中フレッシュな味わい

羽根屋 純米吟醸
煌火〜きらび

`普通` `ミディアム` 温度 5〜10℃

◎ 麹米＆掛米：富山県産米 60%
AL 16.0度
¥ 1,528円（720㎖）3,000円（1.8ℓ）

季節の1本（販売：年に3〜4回）
味わい要素七色が微妙に煌めく

羽根屋 純米吟醸プリズム究極しぼりたて

`普通` `ミディアムフル`
温度 5〜10℃

◎ 麹米＆掛米：富山県産米 60% AL 16.0
度 ¥ 1,773円（720㎖）3,536円（1.8ℓ）

酒蔵おすすめの1本
羽根屋ニューフェイスデビュー

羽根屋 純米大吟醸 50翼

`普通` `ミディアムライト`
温度 5〜10℃

◎ 麹米＆掛米：富山県産米 50% AL 16.0
度 ¥ 1,850円（720㎖）3,700円（1.8ℓ）

蔵DATA ●創業年：1916年（大正五年）●蔵元：羽根敬喜 四代目 ●杜氏：羽根敬喜・自社流 ●住所：富山県富山市百塚134-3

海山の幸最上級、富山の舌で磨かれた「美味求眞」酒

満寿泉

ますいずみ

富山県　株式会社桝田酒造店
www.masuizumi.co.jp

　おいしいものを食べている人しか、おいしい酒は造れない、まさに「美味求眞」。酒米を厳選し、山田錦の生まれた多可郡八千代地区・加美地区で全量契約栽培。通常の2.05mmメッシュを特注で2.1mmと大きくしたメッシュでふるう贅沢な特選米で「プラチナ」や「寿」など極めて美しい逸品を造っている。地元の山間、白萩地区では富山県開発の酒米「富の香」を契約栽培。古代米の復活にも取り組む。究極から定番酒まで食に合うよう設計され、定番酒「満寿泉 純米」など晩酌酒のクオリティも高い。全ての酒に外れがない実力派の老舗蔵だ。

定番の1本
吟醸造りの技を活かして醸す
純米酒。粋酔飲める美味酒

満寿泉 純米

やや辛口　ミディアム　温度 0〜50℃

◉ 使用米非公開58%
AL 15.0度
¥ 1,300円(720㎖) 2,350円(1.8ℓ)

季節の1本 （販売期間：11月末〜）
搾り1本目の直汲み、ガス澱満載

満寿泉 一号しぼり

やや辛口　ミディアムフル
温度 5〜15℃

◉ 非公開 AL 18.0〜19.0度 ¥ 1,500円
(720㎖)

酒蔵おすすめの1本
能登杜氏の魂がわかる大吟醸

満寿泉 純米大吟醸

辛口　フル
温度 5℃、40℃

◉ 使用米非公開50% AL 15.0〜17.0度
¥ 4,000円(720㎖) 8,000円(1.8ℓ)

蔵DATA
●創業年：1893年（明治二十六年）　●蔵元：桝田隆一郎 五代目　●杜氏：畠中喜一郎・能登流　●住所：富山県富山市東岩瀬町269

豪快な「勝駒」の書は池田満寿夫氏の揮毫。
美酒を極める小さな造り酒屋

勝駒
かちこま
富山県 有限会社清都酒造場

「味があって、非常に優しい字。酒もこの字に似てきたように思うんです」と蔵元。日露戦争の戦勝を記念して「勝駒」と命名。ミネラルをほとんど含まない吟醸向きの軟水仕込み。原料米は、米どころで有名な富山県南砺産五百万石と兵庫県産山田錦の契約栽培米のみにこだわっている。大人気の定番酒「勝駒 純米酒」は、やさしい香りとさらりとした飲み口、米のうまみが生きている味わい。人気が出て、地元で買えなくなった地酒が多い中、地元でこそ飲んでほしいと。「地元で知る人ぞ知る酒」でありたいと願う。富山に出向いてでも、飲む価値がある酒だ。

定番
小仕込みで丁寧に醸す蔵。優しい香りとライトな飲み口

勝駒 純米酒
`普通` `ミディアム` `温度` 15℃
🍶 麹米＆掛米：五百万石 50% `AL` 16度
¥ 1,500円（720mℓ）

「年に、そう、こっぽりとはできません」と。言葉通りの争奪戦必至の純吟

勝駒
純米吟醸
`普通` `ミディアム` `温度` 15℃
🍶 麹米＆掛米：山田錦 50% `AL` 16度
¥ 2,100円（720mℓ）

蔵DATA ●創業年：1906年（明治三十九年）●蔵元：清都浩平 ●杜氏：能登流 ●住所：富山県高岡市京町12-12

歴史ある蔵で、若手の星が醸す輝く酒。
400年の蔵を継ぐ、名を冠した覚悟の酒

林
はやし
富山県　林酒造場
www.hayashisyuzo.com

　富山県最古の酒蔵、林酒造場の先祖は、加賀藩が設けた越後との国境の関所に赴任した武士。味噌醤油や酒の製造も手掛け、後に酒蔵を創業した。定番酒は1960年に発売した「黒部峡」だったが、2011年に蔵元の林秀樹さんが杜氏になり、新しくブランドを立ち上げた。それが名を冠した「林」。酒米7種を精米歩合55％で統一。米の個性を楽しむ。洗米は10kgずつ、麹は蓋麹製法、米の個性が生きるよう酵母などを調整し、丁寧に仕込むのが特徴。金沢国税局の鑑評会で、6年連続優等賞を受賞するなど高評価。「全ての酒を最高品質に」が信条だ。

定番の1本
軽やかでうまみあり。林を代表する酒

林 純米吟醸 五百万石

やや辛口 ミディアムライト 温度 10〜15℃

Ⓢ 麹米＆掛米:五百万石 55%
AL 16.0度
¥ 2,714円(1.8ℓ)

酒蔵おすすめの1本
燦めくメリハリ感と切れ味

林 純米吟醸
出羽燦々

普通 ミディアム
温度 10〜15℃

Ⓢ 麹米＆掛米:出羽燦々 55% AL 16.0度
¥ 2,900円(1.8ℓ)

酒蔵おすすめの1本
五味が贅沢に調和する美酒

林 純米吟醸
山田錦

普通 ミディアムフル
温度 5〜15℃

Ⓢ 麹米＆掛米:山田錦 55% AL 16.0度
¥ 3,200円(1.8ℓ)

蔵DATA
●創業年:1626年(寛永三年)　●蔵元:林 洋一 十四代目　●杜氏:林 秀樹 富山流
●住所:富山県下新川郡朝日町境1608

全量富山県産米で醸す
やわらかで清く力強い酒

千代鶴

ちよづる
富山県　千代鶴酒造合資会社
www.chiyozuru.com

　ホタルイカで名高い富山県滑川の田んぼに囲まれた酒蔵、千代鶴酒造。元DJの七代目・黒田一義さんが、杜氏を務める。蔵人は、祖母、母、姉、妻の5人の家族だけで丁寧に酒造りする小さな蔵だ。仕込み水は剱岳を源とする伏流水で清冽な水が蔵内にコンコンと湧き出る。原料米は全量富山県産。一義さんが地元農家と連携して作る有機栽培の酒米、富の香でも醸す。酵母は北陸発祥の金沢酵母が中心で、香りは穏やか、味はきれいで柔らか、芯のある力強さもあり、飲み飽きることがない。ホタルイカをはじめとする富山湾の新鮮な魚介によく合う。

定番の1本
昔ながらの少量生産蔵の造る
上品な吟醸香ときれいな味わい

千代鶴 純米吟醸

やや辛口　ミディアムライト　温度 7〜15℃

麹米＆掛米：山田錦 50%
AL 15.0度
¥ 1,750円(720㎖)　3,300円(1.8ℓ)

季節の1本 （販売期間：12月末〜1月初旬）
地元産の無農薬米で造る純米

千代鶴 恵田（エデン）

やや辛口　ミディアムフル
温度 7〜12℃

麹米＆掛米：富の香
60%　AL 18.0度
¥ 2,300円(900㎖)

酒蔵おすすめの1本
2014年に登場、蔵の最高峰酒

千代鶴
純米大吟醸

やや辛口　ミディアムフル
温度 7〜12℃

麹米＆掛米：山田錦 40%　AL 17.5度
¥ 3,900円(720㎖)　7,500円(1.8ℓ)

蔵DATA　●創業年：1874年頃(明治七年頃)　●蔵元：黒田 弘 六代目　●杜氏：黒田一義・能登流　●住所：富山県滑川市下梅沢360

食中酒を追求して25年以上！
加賀山中温泉の美しい純米酒

獅子の里　ししのさと

石川県　松浦酒造有限会社
www.shishinosato.com

　山中温泉は僧の行基が1300年前に開湯した渓谷の温泉郷。昔、町の中心部は獅子の里と呼ばれ、由来は湯治客が外湯に入る間、案内役の湯女（ゆな）が客の浴衣を頭に被って待つ姿が獅子舞の獅子に似ているため。その名を酒銘に冠した松浦酒造は、十四代の松浦文昭さんが杜氏を務める。甘露水と呼ばれる医王寺から湧き出る軟水に、上質な酒米、穏やかな香りの金沢酵母をメインに純米酒のみを醸し、海の幸、山の幸を引き立てる食中酒を追求する。25年前、瓶内二次発酵のスパークリング酒を開発。炭酸ガスが弾ける新鮮な果実香は今も大人気。

定番の1本
冷酒から燗酒までOK。
切れ味の良い旨口超辛

獅子の里 超辛純米酒

| 辛口 | ミディアムライト | 温度 | 0〜60℃ |

🍚 麹米＆掛米：石川門 65%
AL 15.0度
¥ 1,400円（720mℓ）2,660円（1.8ℓ）

季節の1本（販売期間：12月下旬〜3月）
白山麓水系、美しい生のおりがらみ

獅子の里 しぼりたて
純吟生酒 無垢

| 辛口 | フル | 温度 | 15℃ |

🍚 麹米＆掛米：八反錦
60% AL 15.0度 ¥ 1,800円
（720mℓ）3,600円（1.8ℓ）

酒蔵おすすめの1本
某公式晩餐会の乾杯酒！

獅子の里 活性純米吟
醸生酒 鮮

| やや甘口 | ミディ | 温度 | 5℃ |

🍚 麹米＆掛米：山田錦
60% AL 13.0度 ¥ 1,900円
（500mℓ）

蔵DATA　●創業年：1772年（安永元年）　●蔵元：松浦文昭 十四代目　●杜氏：松浦文昭
　　　　●住所：石川県加賀市山中温泉冨士見町オ50

魂を宿して色づく。
琥珀色濃醇辛口の山廃純米酒

天狗舞
てんぐまい
石川県 株式会社車多酒造
www.tengumai.co.jp

　山廃純米酒の代名詞ともいわれる名酒。熟成させた酒ならではの琥珀色の輝きがある。酒のうまみは山廃でこそ醸せるがモットー。ナッティーで複雑な香り。しっかりした酸味が味わいの基本にあり、後味の切れの良さも抜群。濃醇辛口の味わいと熟成した香味が特徴。手造りによる麹造りや手間のかかる山廃酒母など、味のためには手間と時間を惜しまない。原料米は、純米酒には地元石川県産五百万石、吟醸酒には兵庫県産特A地区の山田錦にこだわっている。定番酒「山廃仕込純米酒」はもちろん、純米大吟醸酒でも燗もオススメ。

定番の1本
酸度2.0、アミノ酸度1.9、うまみと酸味の調和、奥行き深い香味

天狗舞 山廃仕込純米酒

`やや辛口` `フル` `温度` 15〜45℃

(◎) 麹米＆掛米: 五百万石 60%
`AL` 16.0度
(¥) 1,400円(720㎖) 2,725円(1.8ℓ)

季節の1本 (販売期間9月〜)
ひと夏越し落ち着いた秋の旨口

天狗舞 山廃純米
ひやおろし

`やや辛口` `ミディアムフル`
`温度` 10〜15℃

(◎) 麹米＆掛米: 五百万石 60% `AL` 18.0度
(¥) 1,400円(720㎖) 2,800円(1.8ℓ)

酒蔵おすすめの1本
芳醇でさばけよい美しきうまし酒

天狗舞
山廃純米大吟醸

`やや辛口` `ミディアム`
`温度` 15〜35℃

(◎) 麹米＆掛米: 山田錦 45% `AL` 16.0度
(¥) 3,000円(720㎖) 5,000円(1.8ℓ)

蔵DATA
●創業年: 1823年(文政六年) ●蔵元: 車多一成 八代目 ●杜氏: 岡田謙治・能登流 ●住所: 石川県白山市坊丸町60-1

「竹葉」は酒の別称。地の酒米と酵母で能登を醸す

竹葉 <small>ちくは</small>

石川県　数馬酒造株式会社　www.chikuha.co.jp

　欧米一の歴史を誇る料理学会「マドリッドフュージョン2014」で、獺祭・真澄・大七と並ぶ4蔵に選ばれた。能登の原材料にこだわり、山田錦や五百万石、石川門、百万石乃白などを契約栽培し、金沢酵母や、能登の海藻から抽出した酵母で生酛の酒も造る。味は清らかで柔らか、能登を醸す蔵。

定番の1本
元エル・ブジのソムリエも好評価！

竹葉 能登純米

`やや辛口` `ミディアム` `温度` 10℃

- ⓐ 麹米＆掛米：能登山田錦 55%　`AL` 15.0度
- ¥ 1,400円（720㎖）2,800円（1.8ℓ）

蔵DATA　●創業年：1869年（明治二年）　●蔵元：数馬嘉一郎 五代目　●醸造責任者：栗間康弘　●住所：石川県鳳珠郡能登町宇出津へ36

夫婦杜氏が醸し出す奥能登の地酒

奥能登の白菊 <small>おくのとのしらぎく</small>

石川県　株式会社白藤酒造店 www.hakutousyuzou.jp

　能登半島の北端、奥能登の輪島で高品質の酒造りに励む、白藤酒造の杜氏・白藤喜一さん、副杜氏で妻の暁子さん。洗米は10kg単位、限定吸水、蒸しは和釜と甑を使用。丁寧な麹仕事に搾りは酒粕を贅沢に出すことを徹底。風土を込めた酒を信条に、地元農家に依頼した山田錦や自然栽培米でも酒造りする。

定番の1本
まろやか、切れありうまさありの食中酒

奥能登の白菊 特別純米酒

`普通` `ミディアムライト` `温度` 10〜55℃

- ⓐ 麹米：山田錦 55%、掛米：五百万石 55%　`AL` 16.0度
- ¥ 1,500円（720㎖）3,000円（1.8ℓ）

蔵DATA　●創業年：江戸時代末期頃　●蔵元：白藤喜一 九代目　●杜氏：白藤喜一・能登流　●住所：石川県輪島市鳳至町上町24

梵はBornに通ず。
長期氷温熟成の「極旨」酒生まれる

梵 ぼん

福井県　合資会社加藤吉平商店
www.born.co.jp

　早くから全量純米造り、長期氷温熟成にこだわり続けてきた。霊峰白山の伏流水仕込み。兵庫県産特Aの契約栽培山田錦と福井県産五百万石米だけを使い、自社酵母で酒造りを行っている。精米歩合は全て55％以下、最高ランクの「超吟」は20％！蔵の平均精米歩合34％は日本一である。定番酒の「梵・ゴールド（GOLD）」も含めて、最高で10年以上、短くても1年はマイナスの温度で熟成貯蔵してから出荷。酒質によって熟成温度と期間は違うが、出荷に際しても予冷庫で梱包するなど、細心の気遣いで「本物のうまさを極める」と蔵元。

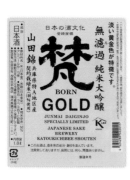

定番の1本
搾りたて極低温−10℃熟成の黄金色の
流体、旬の風味を氷結

梵・ゴールド（GOLD）
無濾過　純米大吟醸

普通 ミディアム 温度 10℃以下

🍶 麹米＆掛米：山田錦 50％
AL 15度
¥ 1,429円（720㎖）3,000円（1.8ℓ）

季節の1本（販売期間11月～12月）
ミクロの泡と香り！20％精米泡酒

梵・プレミアムスパークリング純米大吟醸（磨き二割）

やや辛口 ミディアムフル 温度 10℃以下

🍶 麹米＆掛米：山田錦 20％　AL 16度
¥ 3,500円（375㎖）7,000円（750㎖）

酒蔵おすすめの1本
冷やも燗も、最高に美味なる梵

梵・特撰 純米大吟醸（磨き三割八分）

普通 フル
温度 10℃以下

🍶 麹米＆掛米：山田錦 38％　AL 16度
¥ 2,700円（720㎖）5,000円（1.8ℓ）

蔵DATA
●創業年：1860年（万延元年）　●蔵元：加藤團秀 十一代目　●杜氏：平野 明・南部流　●住所：福井県鯖江市吉江町1-11

九頭竜川伏流水と酒米にこだわる
「真味只是淡」
しんみはただこれたんなり

黒龍
こくりゅう
福井県　黒龍酒造株式会社
www.kokuryu.co.jp

「真味只是淡」とは、本物の味は上品で洗練された淡い味わいという意。黒龍はこれが酒質設計の基本。定番の「黒龍 純吟」も含め、食を引き立てる上品で洗練された淡い味わいを目指している。福井の海の味覚の特徴は、「越前がに」に代表される素材自体の味を活かしたもの。それに合わせ、繊細な味わいとうまみを極める。香りはメロンやバナナのように、穏やかで上品。酒米は主に兵庫県東条特A地区の山田錦と、地元福井県大野市の五百万石を使用。県内でも、上質な米の産地として名高い阿難祖地頭方地区の「農事組合法人味の郷」に契約栽培を依頼。

定番の1本
黒龍の銘は、九頭竜川の古名
「黒龍川」
クツレウ

黒龍 純吟

辛口 ミディアム 温度 10℃

◎ 麹米＆掛米：福井県産五百万石55%
AL 15.5度
¥ 1,400円（720mℓ）

季節の1本（販売期間：3月〜）
春の息吹感じる爽やかな吟醸
黒龍 春しぼり

やや辛口 ミディアム
温度 10℃

◎ 麹米＆掛米：福井県産五百万石 55% AL
18度 ¥ 600円（300mℓ）1,400円（720mℓ）

酒蔵おすすめの1本
和紙、漆、越前伝統工芸包装
黒龍 石田屋

やや辛口 ミディアム 温度 10℃

◎ 麹米＆掛米：兵庫県東条産
山田錦 35% AL 16度
¥ 12,000円（720mℓ）

蔵DATA　●創業年：1804年（文化元年）●蔵元：水野直人 八代目 ●杜氏：畑山 浩・能登流　社員杜氏 ●住所：福井県吉田郡永平寺町松岡春日1-38

「金紋錦」と7号酵母。
長野発の酒米と酵母で醸す

水尾 みずお

長野県　株式会社田中屋酒造店
www.mizuo.co.jp

　仕込み水は野沢温泉村にある水尾山の湧き水、原料米は全量長野県内産の酒米、酵母は県内で見つかった協会7号酵母がメインだ。長野県内産で造るザ・長野地酒。しかも酒米全てが蔵から5km圏内で栽培される契約米。長野県の開発品種であるひとごこち、全国的にも希少品種である地元木島平村産の金紋錦を使って醸す。「水尾」には水の源という意味があり、1杯目より2杯目、2杯目より3杯目がうまい。定番酒「水尾 特別純米酒 金紋錦仕込」は全て金紋錦の酒。ナチュラルで飽きのこない香味を持ち、透明感ある切れの良い酒質だ。

定番の1本
野沢菜、タラの芽、地の野菜と合う
長野の地酒

水尾 特別純米酒
金紋錦仕込

`普通` `ミディアムライト` `温度` 10℃

◎ 麹米＆掛米：金紋錦 59%
AL 15度
¥ 1,450円（720mℓ）2,900円（1.8ℓ）

季節の1本（販売期間：1月〜5月）
水尾史上、最も華やかで艶やか上品

水尾 紅 純米吟醸
生原酒

`普通` `ミディアムフル`
`温度` 10℃

◎ 麹米＆掛米：金紋錦 49% AL 15度
¥ 1,850円（720mℓ）3,700円（1.8ℓ）

酒蔵おすすめの1本
金紋錦の味、香りともに最高の逸品

水尾
純米大吟醸

`辛口` `ミディアムライト`
`温度` 10℃

◎ 麹米＆掛米：金紋錦 39% AL 15度
¥ 4,000円（720mℓ）8,000円（1.8ℓ）

蔵DATA　●創業年：1873年（明治六年）　●蔵元：田中隆太 六代目　●杜氏：鈴木政幸・飯山流　●住所：長野県飯山市大字飯山2227

「明鏡止水」の銘通り一点の曇りなく澄みきった味わい

明鏡止水
めいきょうしすい
長野県　大澤酒造株式会社
osawa-sake.jp/

　日本最古の酒が見つかった蔵。元禄二年創業当時の酒が古伊万里の壺に入って保存されているのが見つかり、坂口謹一郎博士に「日本最古の酒」と認定された。古い伝統を大事にするかたわら、新たなる日本酒ファンを開拓するための低アルコール酒「ラヴィアンローズ」など、新製品の開発にも余念がない。酒米は、長野県産美山錦や、兵庫特A地区山田錦など。定番酒の「純米吟醸 明鏡止水」は、きれいに磨いた鏡と止まっている水のイメージ通り、澄み切った透明感があり、米のうまみ、含み香と酸のバランス良い仕上がりの酒。

定番の1本
蓼科山の伏流水、蔵培養酵母で県産美山錦を醸した極み味

純米吟醸 明鏡止水

普通　ミディアム　温度 15℃

◎ 麹米：美山錦 50%、掛米：美山錦 55%
AL 16.0度
¥ 1,310円(720㎖) 2,621円(1.8ℓ)

季節の1本（販売期間：11月）
秋だけの特別限定酒

雄町 純米
明鏡止水

普通　ミディアム
温度 15℃

◎ 麹米＆掛米：雄町 60%　AL 16.0度　¥
1,333円(720㎖) 2,667円(1.8ℓ)

酒蔵おすすめの1本
日本酒デビューにおすすめ低アル酒

ラヴィアンローズ
明鏡止水

普通　ライト
温度 10℃以下

◎ 麹米＆掛米：美山錦 55%　AL 13.0度
¥ 1,300円(720㎖) 2,600円(1.8ℓ)

蔵DATA
●創業年：1689年（元禄二年）●蔵元：大澤 真 十四代目 ●杜氏：大澤 実
●住所：長野県佐久市茂田井2206

7号酵母発祥の老舗蔵。
酒のある和やかな食卓を提案

真澄
ますみ
長野県　宮坂醸造株式会社
www.masumi.co.jp

　八ヶ岳や霧ヶ峰の麓の諏訪で、1662年から酒造りを始めた老舗蔵。銘柄の真澄は諏訪大社上社の宝物殿に納まる真澄の鏡に由来する。1946年に、発酵中の醪から7号酵母が発見された。75年以上経つ今も、全国の酒蔵が愛用し、美酒を醸す力強い酵母で名高い。全量自社精米で、諏訪蔵と国内で最も標高が高い富士見蔵の2蔵体制。諏訪蔵にはセレクトショップのセラ真澄があり、テイスティングコーナーに、酒器や酒肴、糀あま酒や煎り酒、わさび漬けに酒かすクラッカーなどオリジナル製品も揃う。「酒のある和やかな食卓」を提案する。

定番の1本　味の調和を大切に醸した日常から宴席までオールマイティな酒

真澄
純米吟醸
漆黒 KURO

やや辛口　ミディアム　温度 冷酒、常温、燗酒

◉麹米:山田錦55%、掛米:美山錦 他55%　AL 15.0度　¥ 675円(300㎖) 1,620円(720㎖) 2,700円(1.8ℓ)

季節の1本（販売期間：冬季。11月下旬〜）
搾りたて生原酒の鮮烈な味

真澄
純米吟醸
あらばしり

やや甘口　フル　温度 冷酒

◉麹米:ひとごこち 55%、掛米:山恵錦 55%
AL 17.0度　¥ 625円(300㎖) 1,500円(720㎖)

酒蔵おすすめの1本
おり抜きせず瓶内発酵で造る泡酒

真澄 スパークリング
Origarami

辛口　ミディアムライト
温度 冷酒

◉麹米:山田錦 55%、掛米:金紋錦、山恵
錦 55%　AL 11.0度　¥ 1,200円(375㎖)
2,000円(750㎖)

蔵DATA　●創業年:1662年(寛文二年)　●蔵元:宮坂直孝　●杜氏:那須賢二 諏訪杜氏 ●
住所:長野県諏訪市元町1-16

日本酒の四季

日本酒は冬に造るのが基本だが、すぐには全部を出荷せず、
季節を待って販売する酒も多い。
厳寒時に仕込んだ酒を、火入れ回数の違いや、
時を経て少しずつ熟成していく変化した味わいなど、
一年を通して違う味わいを楽しむことができる。

9〜11月

ひやおろし、秋上がり。春に搾った酒を1回火入れして秋まで貯蔵した、角のとれたまろやかな味。

12〜2月

春夏秋を越して円熟味を帯びた酒を、冷やで、お燗で! できたての新酒も出てバラエティに富む。

生詰め酒、生貯蔵酒(1回火入れ)。暑い夏に爽快な低アルコールタイプやスパークリング、ロック向き生原酒など、冷涼感を味わう。

6〜8月

搾りたての新酒や、おりがらみのうすにごり酒。ピチッとガスが残ってフレッシュな味わいなど、若さを楽しむ。

3〜5月

日本酒は飲む温度の幅が広い

日本酒は、冷酒から燗酒まで飲む温度帯が幅広く、
世界でも類を見ない独特の飲み方が楽しめる。
同じ日本酒でも、温度によって違う印象の味わいになる面白さがあり、
気分で温度を変えると、意外なおいしさに出会えること、間違いなし。

日本酒の飲み頃温度

飲む温度は大きく分けて3つ。
① 冷蔵庫などで冷やした「冷酒」。味と香りが締まる一方、味の幅は狭い。
② 室温・常温の「冷や酒」。お酒のそのままの香りと味が楽しめる。
③ 温めた「燗酒」。甘みやうまみが増し、角がとれて丸くなり、味の幅も広がる。

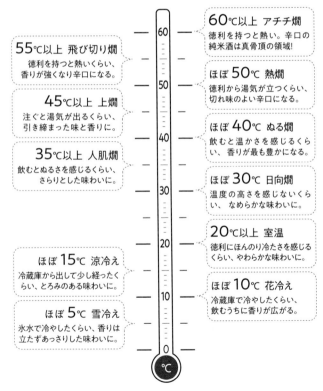

60℃以上 アチチ燗
徳利を持つと熱い。辛口の純米酒は真骨頂の領域!

55℃以上 飛び切り燗
徳利を持つと熱いくらい、香りが強くなり辛口になる。

ほぼ50℃ 熱燗
徳利から湯気が立つくらい、切れ味のよい辛口になる。

45℃以上 上燗
注ぐと湯気が出るくらい、引き締まった味と香りに。

ほぼ40℃ ぬる燗
飲むと温かさを感じるくらい、香りが最も豊かになる。

35℃以上 人肌燗
飲むとぬるさを感じるくらい、さらりとした味わいに。

ほぼ30℃ 日向燗
温度の高さを感じないくらい、なめらかな味わいに。

20℃以上 室温
徳利にほんのり冷たさを感じるくらい、やわらかな味わいに。

ほぼ15℃ 涼冷え
冷蔵庫から出して少し経ったくらい、とろみのある味わいに。

ほぼ10℃ 花冷え
冷蔵庫で冷やしたくらい、飲むうちに香りが広がる。

ほぼ5℃ 雪冷え
氷水で冷やしたくらい、香りは立たずあっさりした味わいに。

参考／「＆ SAKE 二十歳からの日本酒BOOK」日本酒造組合中央会

日本酒と料理の相性

さっぱりにはさっぱり、こってりにはこってりを！が原則
お刺身には冷たいお酒、
煮物や珍味にはほっこりお燗酒を。

日本酒の「酸」と飲む温度の関係

冷 5℃
リンゴ酸 クエン酸 酢酸（炭酸ガス） 吟醸 生酒 ← 本醸造 純米酒 ⇒ 山廃 生酛 古酒 コハク酸 乳酸
温 40℃〜50℃

中間点

日本酒のタイプで見る相性の良い肴と調味料

さっぱり系	中間系	こってり系
たい ひらめ かれい しらうお きす さより すずき あじ ふぐ いか（白身や運動量の少ない魚が多い）	えび かに しまあじ 鮭 まぐろ（赤身）かさご 春かつお 金目鯛 貝類 等	秋かつお まぐろ（トロ）いわし さば ぶり はまち さんま ニシン（運動量の多い魚が多い）
鶏肉	マトン 豚ヒレ肉	牛肉 豚バラ肉
湯豆腐 寄せ鍋 水炊き	しゃぶしゃぶ（ポン酢）	すき焼き 石狩鍋 三平汁 しゃぶしゃぶ（ごまだれ）
酢の物		煮込み料理
野菜の浅漬け	ぬか漬け 野沢菜漬け	キムチ いぶりがっこ 古漬けのたくあん
米油 オリーブ油	ごま油 菜種油	バター ラード 牛脂
しょうが 酢 柑橘系（レモン すだち かぼす ゆず）青じそ ねぎ 大根おろし わさび	二杯酢 三杯酢 ポン酢 酢味噌	醤油 味噌 辛子 マスタード にんにく

参考／「日本酒と料理の相性」日本名門酒会編

SAKE おつまみ

合わせる肴次第で、お酒を爽やかに感じたり、
切れの良さがわかったり、新しい魅力を発見できる。
お酒には、味噌・塩麹など発酵調味料や発酵食品、
野菜や海藻、ドライフルーツなど食物繊維が多いもの、
高タンパクで低脂肪な素材を使うと、おいしく楽しく健康にもいい!
簡単ヘルシーおつまみと相性の良いお酒のタイプをご紹介。

♡ 相性の良いお酒

▲ カブ塩麹 ♡ 純米吟醸、純米 冷酒で

カブを皮ごと六等分し、ビニール袋に入れ、塩麹を適宜加えてモミモミ。数時間から1日おく。時間がない時は薄く切って塩麹とあえるだけでもよい。

きゅうりではなく、酢漬けのガーキンス(またはコルニション)をちくわに入れる。生のきゅうりと違い、スパイシーな風味が酒に合う。ちくわはちょっといいものを奮発。マリネ液にローズマリーを足すとさらに本格的。

▼ ガーキンスちくわ 純米 冷酒で

◀ きゅうり味噌 ♡ 純米

味噌にニンニクのすりおろしを少々と酒(甘めが好きな人は本みりん)を加えて、中火でツヤが出るまで練る。ごま油を加えるとコクある中華風に。刻んだ青じそ、煎りゴマを混ぜると風味良し。油揚げや厚揚げ、里芋に塗って田楽にも。密閉容器に入れ、冷蔵庫で1カ月以上もつ。

◀ ひたし豆
♡ 純米吟醸、純米

とある居酒屋さんで最初に出るのがこの一皿。青大豆の爽やかなうまみが後をひく。青大豆200gを洗い、たっぷりの水で一晩もどす。ざるに上げ、水を切る。鍋に豆がかぶる量の水を入れて中火で加熱。20分くらい茹でる。自然塩大さじⅠを入れて混ぜる。歯ごたえがあるくらいで引き上げる。かつお節＋醤油、EXVオリーブオイル＋黒胡椒も合う。

ししゃも塩麹 ▶
♡ 純米 燗酒で

ししゃも20匹に塩麹大さじⅠの割合でビニール袋に入れ、1晩〜3日間おいて焼く。焼く時は麹が焦げやすいので注意。包丁不要の魚料理。

日本が誇るドライフルーツ・干し柿に、フレッシュチーズを合わせて。オリーブオイルや黒胡椒も good。干し柿は旬の時期に買って冷凍すれば長期間保存可。

▼ 干し柿とチーズ
♡ 純米 燗酒で

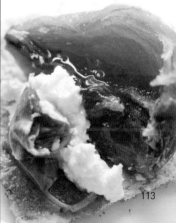

▲ 納豆とブルーチーズ　♡ 純米 燗酒で

ダマされたと思って、半々であえてお試しを。意外なほど好相性。ただし酒は吟醸系ではなく、熟成系のボディで、酸太めの燗酒と。

冷酒

COOLで楽しむ酒器

スパークリングやフレッシュな生タイプの酒など、冷やしておいしい酒は、飲み口が極薄の酒器を選ぶとよい。微妙な味の差を感じることができ、背筋が伸びて、名酒に真正面から向き合うスイッチが入る。

極薄のグラスは木村硝子店が60年前にデザインしたもので、プロペラ機時代のファーストクラス用ビールグラスとして開発された。ここには日本の高い技術が応用されている。それは電球を吹く、吹きガラスの技術だ。極めて薄く、透明

感が高いこのシリーズは、酒の良さが素晴らしくいい形で表れる。ストレートなコップ形や、口が開いたラッパ形など、大きさや形状が多種多様にあるので比べてみるのも楽しい。

特に、酒の香りや色を楽しむには、ワイングラスがぴったりくる。直接、本体に触らないので温度が上がりにくい。光にかざすと、酒の粘度や緻密さがよくわかる。中でもボウルが大きいブルゴーニュグラスなら、丸いグラスの空間に香りが籠もり、傾けるとちょうど鼻先に香りが溢れ

グラス

錫

磁器

出てくる。繊細な香りを持つ純米大吟醸の生酒や、フルボディタイプも実によく味わえる。香りや味により、ボルドーグラスや白ワイングラスで、一つの酒を飲み比べるのも面白い。キリッとしたり、芳醇になったり、グラスの形状一つで酒の長所も短所も味わえる。

冷たく飲むには、極薄手の磁器もいい。白い磁器なら酒の色がよくわかる。何より模様やデザインのバリエーションが豊富ゆえ、さまざまな演出も可、目でも楽しめる。

さらに、冷たい酒を最も冷たく味わえるのは銀や錫など金属の酒器。熱伝導率に優れ、注いでもらう瞬間から指先に冷たさが伝わってくる。唇の先に触れると冷たさがダイレクトにキーンと伝わり、クール度満点！ 落としても絶対、壊れないので、どんなに酔っぱらう人でも安心。酒の会などmy盃を持ち歩きたい時におすすめ。ただし、お燗が入ると危険なほど熱いのでご用心！

木村硝子店 www.kimuraglass.co.jp

温めて飲む酒で最も大事なのは、持ちやすいこと。な〜んだと言うなかれ。熱燗を薄手のガラス器や錫器に注ぐと、放り出したくなるほど熱くて危険だ。燗酒は、昔ながらの日本の酒器が、素晴らしい力を発揮する。

どんなに凍てつく寒い時でも、優しく付き合えるのが漆器。唇にも持つ手にもすべすべのなめらかさと温もりがホッと嬉しい。機能的にも軽く、断熱性が高い優れもの素材。どぶろくやにごり酒など、雪の

ような白さの酒を燗して飲む時は、漆器の独壇場！赤い漆器に白い酒を注ぐと、湯気まで感動的に映え、美しさに酔うほど。黒い漆ならモノクロームでスタイリッシュに決まるので、テーブルでアクセントになり、酒をひときわ良いものに演出してくれる。

そして陶器。備前焼のような釉薬を使わない焼き締めの器は、表面のザラリとした細かい凹凸が酒の味をまろやかにする。また、見るからに安定感があるどっしりした信

HOT で楽しむ酒器

お燗

楽焼などは「よっしゃ飲むぞ！」と力強い応援をくれるよう。表面がゴツゴツした酒器ならば、すべり止め!?にもなり、飲兵衛に心強さも与えてくれる。

吟醸系などスッキリしたタイプのぬる燗ならば、エッジの薄い磁器が良い。薄く仕上げられた磁器の飲み口は、ぬるめの燗酒を極めてクリアーに味わえる。磁器のなめらかさが、酒を官能的に感じさせることも。

素材によらず、個人作家の器は、飲むだけでなく、見て、撫でて、愛でる美だ。造り手の好みの酒が投影され、愛飲する酒が器の向こうに見えるようで面白い。

最後におすすめしたいのが杉の器。樽形をした酒器は大館工芸社製で、秋田空港の売店で売っている。土産物的かと思いきや、杉そのものを繰り抜いたシンプルイズベストなデザイン。爽やかな杉の香りで「一人樽酒」が楽しめる。落としても絶対割れず、旅のお供にうってつけ。これが650円ほどで、日本の酒器は安すぎる！

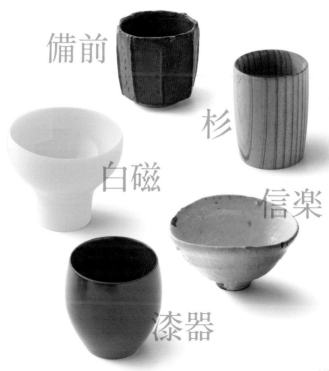

備前

杉

白磁

信楽

漆器

酒は純米、燗ならなおよし

純米の神様といわれた上原浩先生が残した名言「酒は純米、燗なら
なおよし」。完全発酵させ、熟成を経た純米酒なら、お燗をつけると香り
と味がグッとふくらんで、なんとも幸せな味に化ける。温度を上げること
で引き出される味の豊かさ、切れ味の良さは一度ハマると抜け出せない。
ただし、大吟醸酒は味わいが繊細。30℃くらいから、味見して確認を。

割り水燗のススメ

5〜10％の水を加えて燗をつけるのが割り
水燗。口当たりよく、飲みやすくなる。徳利
3本目から、割り水燗するのもよい。意外に
わからない(笑)。酒1合に大さじ1の水で、ア
ルコール度数が15度なら13〜14度に下がる。

徳利の素材もさまざま

熱伝導率が高いステンレス、アルミなど
の金属製品、薄手でつけやすい磁器、分
厚い陶器は一度温めると保温性抜群、首
を持っても熱くない。スピード、味とも、
素材で変わってくる。酒と好みで選ぼう。

ジョボ燗

またの名を「お燗タージュ」。お酒をまろや
かにする燗テクニック。三重県の酒店・安田
屋 安田武史さんいわく。「デカンタージュ
と同じ感覚。向く酒は2タイプあり、ひとつ
は長期熟成タイプ。酒が閉じこもった味を
開かせる。反対にまだ若くて渋く硬い酒。

やり方はどちらも同じ。片手に温めた酒を入
れたチロリ、もう片方に空っぽのチロリを持
って15cmの高さから、インドのチャイよろし
く、ジョボジョボと落とします。空気にふれ
てまろやかに。ジョボジョボいう音からジョ
ボ燗と呼んでます(笑)」

○ **長期熟成の酒** 50℃くらいに温めてジョボジョボ。移動は1回でOK。やりすぎないこと。
○ **若い酒** 硬く、渋みを感じる若い酒は、55〜60℃の飛び切り燗まで上げてジョボ
ジョボ。移動は2〜3回行います。アルコール度数が高い酒は、割り水を。

昔の酒器は小さかった!

これらの盃は50年以上昔の器。酒が10〜15ml(大さじ3分の2〜大さじ1)しか入らない。
小さな杯ゆえ、サシツサセレツができたとも言える。今の酒器は50mlは優に入るものが多い。
昔に比べ酒のアルコール度数も上がっており、グイグイ飲めば酔うのは当然。
飲む時は器も考えよう。

お燗をおいしくつける

⒈ 徳利に熱湯を通す

中のホコリや、匂いを取り、器を温める効果がある。
（これをするとしないじゃ大違い）

⒉ 徳利に酒を注ぐ

この時、首の上まで注がない。温めると酒は膨張するので、溢れてしまう。
この現象を利用して温度計代わりに使うのだ。酒が増える分で、酒の温度がわかる。

⒊ お燗をつける（湯煎）

口径が狭い鍋かヤカンに、徳利が肩までつかる水を入れて沸騰させ、火を止める。
そこへ首まで酒を注いだ徳利を入れ、2～5分待つ。液面が3mmほど上がるとぬる燗。
1cm以上上がれば熱燗だ。

日本にしかない! イカ徳利

　熱い酒を注ぎ、イカの風味とうまみが乗り移っ
たイカ燗酒は、郷愁誘う味。温まったイカボディ
を触った時の、なんとも言えぬ気持ちよさ(こ
れは体験してほしい)。検索すると各地で販売
している国民的徳利。愛すべき風体に加え、
燗酒を入れるうちに、おいしくなるのも素晴ら
しい。肴にもなる酒の容器は、世界中探しても
イカ徳利ただひとつ!　日本人の発想はちゃ
めっ気タップリ。

中部の酒

　信長の頃から栄えたこの地は、気候よく、大きな平野が広がる。豊醸な土壌で、水も豊かなため、農業も盛ん。農産物を発酵させる文化も発達し、知多半島は、別名発酵半島と呼ばれた。かつては酒蔵や味噌蔵が林立。酒の他にも、赤味噌、溜醤油と白醤油など、バラエティに富んだ発酵食品が多い。気候温暖で、西日本の酒米中心に栽培されてきたが、誉富士など地元で新開発した酒米も作られ始めている。独自の発酵調味料文化に合った酒は、逆に味の偏りが少なく、バランスが良い。喉越しよく、うまくて淡い酒質。ほんのり甘みがあって、酸は少ない。食と合わせても良し、酒だけでもまた楽しい。

偉人の名を継ぐ地元の酒、名産桜海老にピッタリ合う

正雪 しょうせつ
静岡県　株式会社神沢川酒造場

優秀な江戸時代の軍学者「由井正雪」。地元の偉人の名を継ぐ酒。地元由比は、日本で唯一桜海老が水揚げされる港町。蔵は旧東海道に面し、隣に神沢川が流れる。「急峻な山から駿河湾へ流れる水は軟水で、初代が水の良さにほれて酒蔵を始めた」と蔵元。米は、静岡県産米を中心に、山田錦と愛山は兵庫県産、雄町は岡山産など、米の個性を生かす酒造りに励む。蔵元は、静岡で酒造りを指導した河村傳兵衛に師事し、静岡酵母造りの第1期生。正雪の味わいは、典型的な静岡型。きれいで丸い味わいと果実のような爽やかな香りが特徴。海の幸と抜群の相性。

定番の1本
県産米誉富士100%で醸造。スッキリ芳醇辛口仕上げ

正雪 辛口純米 誉富士

`やや辛口` `ミディアムライト` `温度` 15℃

◎ 麹米＆掛米：誉富士 60%
AL 15.0度
¥ 1,190円(720㎖) 2,350円(1.8ℓ)

季節の1本 (販売期間:6月〜8月)
サーマルタンクひと夏越えのうまみ

正雪 純米 秋あがり

`普通` `ミディアム`
`温度` 35℃

◎ 麹米＆掛米：吟ぎんが 60% AL 15.0度
¥ 2,400円(1.8ℓ)

酒蔵おすすめの1本
爽やかな香りとまろやかな風味

正雪 純米吟醸 別撰プレミアム

`普通` `ミディアム`
`温度` 10℃

◎ 麹米＆掛米：山田錦 50% AL 16.0度
¥ 3,334円(1.8ℓ)

蔵DATA　● 創業年:1912年(大正元年)　● 蔵元:望月正隆 五代目　● 杜氏:柴田秀孝・南部流　● 住所:静岡県静岡市清水区由比181

「沼津の干物」に合う地酒、生酛もうまい 全量純米蔵

白隠正宗

はくいんまさむね
静岡県 髙嶋酒造株式会社
www.hakuinmasamune.com

　沼津市内の幕末の名僧白隠禅師ゆかりの松蔭寺が至近。酒は富士山の伏流水を仕込み水に使用。甘露な水は販売もしているが、地元には無料開放。ゆえに蔵に水を汲みに来る人が引きも切らない。蔵元杜氏の酒造りへの情熱が面白く、昔の文献を読み、レシピから復古的な酒を醸したり、生酛など乳酸無添加造りにも挑む。まろやかな燗酒を作る「蒸し燗」も提案。醸造技術の高さを買われて、県が開発する新種の酒米や酵母の試験醸造なども請け負う。沼津名産「干物」に合う酒造りがモットー。県独自の酒米「誉富士」の使用量は静岡で最多。2012年から全量純米蔵に。

定番の1本
米、人、水、酵母の
オール静岡ドリームチーム

白隠正宗 誉富士純米酒

やや辛口 ミディアムライト 温度 15℃

麹米＆掛米: 誉富士 60%
AL 15.0度
¥ 1,300円（720mℓ）2,600円（1.8ℓ）

特別な1本
静岡の酒米で造る切れ良い味

白隠正宗
純米酒 生酛 誉富士

辛口 ミディアムライト
温度 50℃

麹米＆掛米: 誉富士 65% AL 15.0度
¥ 1,400円（720mℓ）2,800円（1.8ℓ）

酒蔵おすすめの1本
ぬる燗も品良しの純米大吟醸

白隠正宗
純米大吟醸

辛口 ミディアムライト
温度 15〜45℃

麹米＆掛米: 山田錦 40% AL 16度
¥ 4,250円（720mℓ）8,500円（1.8ℓ）

蔵DATA　●創業年: 1804年（文化元年）　●蔵元: 髙嶋一孝　●杜氏: 髙嶋一孝・俺流　●住所: 静岡県沼津市原354-1

清潔を極めた酒蔵で造る、スムーズでなめらかな美酒

磯自慢

いそじまん

静岡県　磯自慢酒造株式会社

www.isojiman-sake.jp

　蔵の中は、ステンレス張りで冷蔵庫の如し。遠洋漁業の基地、焼津の冷蔵・冷凍倉庫の技術を応用し、酒造りにこの上ない清潔な環境を維持。原料米は兵庫県東条町特A地区産の山田錦の特上米、特等米を厳選。2010年から季節限定酒「磯自慢 純米大吟醸 秋津」を販売。東条町秋津にある「古家」「常田」「西戸」の田んぼを厳密に指定し、それぞれの酒米のみによる3本の酒を仕込み始めた。日本初、田んぼ違いのテロワールだ。どの酒も自然なフルーツ系の香り。味はきれいでスムーズ、どこまでもなめらかで奥深い味。多くの公式行事の乾杯酒にも選ばれる。

定番の1本

みずみずしい果実が幾つも重なる洗練を極めた美学の酒

磯自慢 大吟醸純米 エメラルド

やや辛口　ミディアム　温度 11℃

◎ 麹米＆掛米：特A東条山田錦 50%

AL 16.2度

¥ 3,250円（720mℓ）

季節の1本 （販売期間：7、9、11月）

秋津のベスト3田んぼを吟味

磯自慢 純米大吟醸 秋津（古家、常田、西戸）

普通　ミディアム　温度 11℃

◎ 麹米＆掛米：特A東条秋津産3字山田錦 40%　AL 16.3度　¥ 5,300円（720mℓ）

酒蔵おすすめの1本

麗しブルーのグラッパボトル酒

磯自慢 愛山 純米大吟醸

普通　ミディアムライト　温度 10℃

◎ 麹米＆掛米：特A地区愛山 40%

AL 16.2度　¥ 5,050円（720mℓ）

蔵DATA ●創業年：1830年（天保元年）●蔵元：寺岡洋司 八代目 ●杜氏：多田信男・南部流 ●住所：静岡県焼津市鰯ヶ島307

環境にも配慮し、酒質・社会性ともに
静岡トップランナー

開運 かいうん

静岡県　株式会社土井酒造場
www.kaiunsake.com

　自然エネルギーと環境保全に取り組んできた土井酒造場。2000年に活性汚泥槽の排水浄化設備を完備し、2003年に出荷倉庫の屋根にソーラーパネルを敷設、太陽光で発電した電力で醸造用設備を稼動する。酒造りでは、米を傷つけず糠を落とすシャワー型洗米機を導入する一方で、大吟醸には蓋麹を使うなど伝統技法を守る。静岡初の酵母HD-1は、四代目の土井清愰さんと、能登四天王といわれた波瀬正吉杜氏の2人の頭文字をとって命名された。フルーティで清らか、米のうまみに甘みが調和する切れの良い酒。静岡吟醸酒の代表だ。

定番の1本
縁起の良い祝い酒
「開運」の決定版！最高峰

開運 純米大吟醸

`やや辛口` `ミディアム` `温度` 15℃

◎ 麹米＆掛米：山田錦 40%
AL 16度
¥ 3,900円(720mℓ) 8,500円(1.8ℓ)

季節の1本 (販売期間：11月～4月)
冬限定！爽やか濃醇生酒

開運 純米無濾過生

`やや辛口` `ミディアムフル`
`温度` 15℃

◎ 麹米＆掛米：山田錦 55% AL 17度
¥ 1,400円(720mℓ) 2,800円(1.8ℓ)

酒蔵おすすめの1本
開運30年以上のロングセラー

開運 特別純米

`やや辛口` `ミディアムライト`
`温度` 15℃

◎ 麹米＆掛米：山田錦 55% AL 16度
¥ 2,800円(1.8ℓ)

蔵DATA ●創業年：1872年(明治五年) ●蔵元：土井弥市 五代目 ●杜氏：榛葉 農・能登流
●住所：静岡県掛川市小貫633

静岡で最古の蔵が醸す
澄みわたる美しい酒

初亀 はつかめ
静岡県 初亀醸造株式会社

　静岡最古の酒蔵・初亀醸造は、駿府で1636年に創業し、明治期に宿場町、藤枝市岡部へ移転。十六代目の橋本謹嗣さんは日本酒の価値向上に早くから力を入れ、兵庫県東条特A地区の最上級の山田錦を現地と契約し、1977年に純米大吟醸「亀」を発売。澄みわたる美しさ、かつ力強い酒質は静岡吟醸型の見本とも称される。酒質向上に繋がる設備投資を惜しまず行い、大吟醸専用の仕込み室は冷蔵庫仕様。純米大吟醸酒や純米酒にはチタン製のタンクを使用。麹は木の箱で時間をかけ丁寧に造る。それは安い酒も同様で、どのクラスの酒も定評がある。

定番の1本
口当たりは軽やか、心地よい酸と旨味。
初亀らしい味わいを表現

初亀 特別純米

`やや辛口` `ライト` `温度` 10〜50℃

麹米：静岡県産誉富士 55%、掛米：静岡県産誉富士 60%

`AL` 15度

¥ 1,400円(720ml)、2,800円(1.8ℓ)

季節の1本（販売期間：5月〜7月）
爽やかな吟醸香と上品な清涼感

初亀 純米吟醸 Blue

`辛口` `ライト` `温度` 8〜20℃

麹米＆掛米：特A地区東条山田錦 特等米55% `AL` 15度 ¥ 1,750円(720ml)、3,500円(1.8ℓ)

酒蔵おすすめの1本
静岡らしい香りと甘みの品格

初亀 純米 岡部丸

`やや辛口` `ミディアム`
`温度` 10〜50℃

麹米＆掛米：朝比奈誉富士 55%

`AL` 15度 ¥ 1,800円(720mℓ)

蔵DATA ●創業年：1636年(寛永十三年) ●蔵元：橋本謹嗣 十六代目 ●杜氏：八重樫次幸・南部流 ●住所：静岡県藤枝市岡部町岡部744

静岡吟醸から生酛まで、
見事に醸し分ける高い技術力

杉錦
すぎにしき
静岡県　杉井酒造有限会社
www.suginishiki.com

　コクと深みがあり、お燗しておいしく、食事に合う酒が人気の杉井酒造。大吟醸も得意だが、生酛や山廃酛など、伝統製法の酒に定評がある。近年は、室町時代に奈良の菩提山正暦寺で考案された菩提酛の酒も醸す。生米を使って乳酸発酵を行う製法で、山廃酛や生酛の元になった古い造り方だ。「原始的で面白い」と蔵元の杉井均乃介さん。甘酸っぱい味が多いが、こちらの菩提酛は甘みが少なく、酸味はキリッ、そして辛い。「45℃くらいの燗にするといいですよ」と笑顔。自然の働きで醸した深い味の酒は、海外輸出も増えている。純米本みりんも美味。

定番の1本
玉栄+7号酵母+山廃造りで、
力強い味わいの純米酒

杉錦 山廃純米 玉栄

| やや辛口 | ミディアムフル | 温度 | 45℃ |

⊚ 麹米＆掛米：玉栄 65%
AL 15.5度
¥ 1,300円（720mℓ）2,600円（1.8ℓ）

季節の1本（販売期間：12月〜5月）
60% 精米で吟醸の香味ある生酛

杉錦 生酛純米
中取り原酒

| 普通 | ミディアムフル |
| 温度 | 15℃ |

⊚ 麹米＆掛米：山田錦 60%　AL 18.5度
¥ 1,400円（720mℓ）3,300円（1.8ℓ）

酒蔵おすすめの1本
濃醇酸味が楽しい低アル酒

杉錦 菩提酛

| 辛口 | ミディアムフル |
| 温度 | 15〜45℃ |

⊚ 麹米＆掛米：誉富士 70%　AL 13.8度
¥ 1,250円（720mℓ）2,500円（1.8ℓ）

蔵DATA　●創業年：1842年（天保十三年）　●蔵元：杉井均乃介　六代目　●杜氏：杉井均乃介・自社流　●住所：静岡県藤枝市小石川町4-6-4

127

酒米栽培にも力を入れ、味を研ぎ澄まし続ける甘露な酒

喜久醉 きくよい

静岡県 青島酒造株式会社

蔵元杜氏が冬は酒造り、夏は酒米栽培をする栽培醸造家。「酒造りは米作りから」が一の信念。静岡で酒造りを指導した名研究技監、河村傳兵衛氏の免許皆伝で、青島傳三郎を襲名している。二の信念は「傳兵衛流静岡型酒造りの酒質の完成と継続」。三の信念が「この地でしか造り得ない酒造り」。酵母は静岡酵母のみを使用。定番酒「喜久醉 特別純米」に代表される、志太杜氏から受け継いだ「喜久醉の味」を守りながらも、研ぎ澄まし続け、年々味わいは進化。繊細な中に味のメリハリがあり、美しい米の甘さと透明感あるうまみを持つ甘露のような酒。

定番の1本

「静岡型吟醸」の優等生！
軽やかできれいな米の酒

喜久醉 特別純米

やや辛口 ミディアム 温度 10〜15℃、40℃

◎ 麹米：山田錦 60%、掛米：日本晴 60%
AL 15.0〜16.0度
¥ 1,300円(720㎖) 2,600円(1.8ℓ)

季節の1本（販売期間：11月〜）
蔵栽培有機山田錦の極め美酒

喜久醉 純米大吟醸 松下米40

やや辛口 ライト
温度 10〜15℃

◎ 麹米＆掛米：山田錦 40% AL 15.0〜16.0度 ¥ 4,500円(720㎖)

酒蔵おすすめの1本
優雅でクオリティ高い純吟

喜久醉 純米吟醸

辛口 ミディアムライト
温度 10〜15℃

◎ 麹米＆掛米：山田錦 50% AL 15.0〜16.0度 ¥ 2,000円(720㎖)

蔵DATA ●創業年：江戸時代中期 ●蔵元：青島秀夫 四代目 ●杜氏：青島傳三郎・志太流及び傳兵衛流 ●住所：静岡県藤枝市上青島246

最高の酒米2種のみ使い、
米のうまみを搾り出した酒

義侠 ぎきょう

愛知県　山忠本家酒造株式会社

「義侠」の酒銘は、酒取引が年間契約だった明治時代、価格急騰時にも年初の契約を守ったことから「義理と任侠に厚い蔵」と「義侠」の名が贈られたという。原料米は、兵庫県東条特A地区産山田錦と富山県南砺農協産五百万石のみ。一つ一つの作業を毎年見直し、工程を改良している。定番酒「義侠 特別純米酒えにし」をはじめ、どれも長い熟成に耐えられる骨太な酒ばかり。そして「義侠といえば新聞紙包み」。30年前に始めた当時は今ほど酒の管理方法が知られておらず、紫外線や光で酒が劣化しないための自衛策だった。新聞は地元、中日新聞(p.18)。

定番の1本
熟成3年以上からなる濃醇うまみ。真の大人酒

義侠 特別純米酒 えにし

普通　フル　温度 42℃

◎ 麹米＆掛米：山田錦 60%
AL 15.0〜16.0度
¥ オープン価格(720㎖・1.8ℓ共に)

季節の1本（販売期間：1月中旬）
唯一の生原酒、フレッシュ義侠

 義侠 純米生原酒 60%
槽口直詰

やや辛口　ミディアム
温度 12℃

◎ 麹米＆掛米：山田錦 60%　AL 16.0
〜17.0度　¥ オープン価格(1.8ℓ)

酒蔵おすすめの1本
うまみ充分！原酒で低アルの純吟

 義侠 純米吟醸
侶(ともがら)

普通　ミディアムライト
温度 15℃

◎ 麹米＆掛米：山田錦 60%　AL 13.0
〜14.0度　¥ オープン価格(720㎖・1.8ℓ共に)

 蔵DATA ●創業年：江戸中期 ●蔵元：山田昌弘 十一代目 ●住所：愛知県愛西市日置町1813

パリの三つ星レストランでも提供、
ワインと並ぶ純米大吟醸

醸し人九平次

かもしびとくへいじ
愛知県 株式会社萬乗醸造
www.kuheiji.co.jp

「すべては田んぼと畑から始まる」と十五代目の久野九平治さん。肩書は醸造家だ。日本酒のあるべき姿の一つとして「田と蔵の直結」を目指し、2010年に兵庫県・黒田庄で山田錦の栽培を開始。2019年には、その田の中に醸造所を完成させた。並行して、2016年からは、フランス・ブルゴーニュでワイン造りを開始。「日本酒屋がフランスでワイン造りをする理由は、同じ醸造酒の境界を超えること。その先の新たな未来が開くと信じるから」。日本酒とワイン、どちらにも共通する味わいは、クリアーでエレガント、そしてエネルギッシュ！

定番の1本
「幸い多き飲み物となれ」から
命名の清らかな美酒

EAU DU DÉSIR
（オー・ド・デジール）
希望の水

やや甘口 ミディアム 温度 12〜20℃

◉ 麹米＆掛米: 山田錦 50%
AL 非公開
¥ 1,940円（720㎖）3,881円（1.8ℓ）

特別な1本
醸造の境界を超えた新挑戦

ワイン
DOMAINE KUHEIJI
Kuheiji Rouge 2017
日本酒 久野九平治本店
黒田庄町田高 2018
の組合せ
¥ 10,000円（各750㎖）

酒蔵おすすめの1本
特別誂えした逸品酒

別誂

やや甘口 ミディアム
温度 12〜20℃

◉ 麹米＆掛米: 山田錦 35% AL 非公開
¥ 4,245円（720㎖）8,490円（1.8ℓ）

蔵DATA ●創業年: 1647年（正保四年）●蔵元: 久野九平治 十五代目 ●杜氏: 佐藤彰洋・地元杜氏 ●住所: 愛知県名古屋市緑区大高町西門田41

日本酒が文化になるには?

── 醸し人九平次・蔵元　久野九平治 ──

「日本酒は日本の文化だから!」という角度で、アナウンス・プロモーションされる一面があります。しかし、違和感を覚えます。私は文化を創っている気持ちは微塵もございません。今を生きる者が文化を語る事は大変オコガマシイ事と思うのです。

「文化ではなく、実際、飲んで幸多き中味を造るのです」江戸の絵師・若冲などはその時、文化を描いていた気持ちがあったのでしょうか? 違う筈です。その時の世間を、ひたすらに「すごい! 美しい! 何だこれ!」と驚かせたい。魅了したい。ただただ、そんな気持ちだったと推測するのです。ヒタスラに、新たな表現方法は何か?ないか?

と。思い悩んだ。その革新が後世に残り評価されたと思うのです。日本酒の造り手たちもきっと同様の気持ちだった筈です。だから今を生きる私たちはただただ真摯に、お客様の喜び、お客様の声と時代の必然に向き合い、形にしては安住せず、イノベーションし続けなければなりません。日本酒が文化だとしたら、進化し続ける必要があるのです。呼び名は昔から日本酒かも知れません。しかし、未来に向けて変わり続けなければならないと考えています。今を壊しイノベーションを模索しております。その延長にしか未来はなく、後世には残らないと考えています。そんなSAKE造りが弊蔵になります。

━━━━━━━━━━━━━━━━━━━━━━━━

「2010年よりお米を自らの手で育てる事を選びました。
あくまで日本酒の主原料はお米です。
その息吹を知らずして皆様の信任が得られる訳もございません。
これが皆様にとって、『もっと幸多き品となる』進化の近道と信じて止みません」

35.039,135.034 **お米が生まれた場所へご案内します。**

醸し人九平次 純米大吟醸
「黒田庄に生まれて、」

黒田庄は米作りをしている町の名前。ラベルに刻まれた数字は、お米を栽培した田んぼの、緯度、経度です。

やや甘口 ミディアム 温度 12〜20℃

麹米&掛米：山田錦 50%

AL 非公開 ¥ 2,310円（720㎖）

蓬莱泉

自家栽培する、地元米の地酒を誇る蔵
自社田33ha! 地域の未来に地酒でタネまき

ほうらいせん
愛知県　関谷醸造株式会社
www.houraisen.co.jp

　織田・徳川連合軍が、武田勝頼を破った長篠合戦場の近くに立つ関谷醸造。「地元の米で造るから地酒」が信条。農家が高齢化し、米の確保が難しくなりアグリ事業部を新設。自社田33haを手掛け、検査、乾燥、精米を一貫で行い、グローバルGAPも取得。愛知県が山間部向けに開発した早生品種の夢山水は、育種から協力し醸造試験も担当。飯米で中生のチヨニシキ、早晩生のミネハルカも植え、田植え時期を分散して効率化。また、酒造りの楽しさを共有する酒蔵「ほうらいせん吟醸工房」では、酒造体験やオーダーメイド、量り売りが大人気。

定番の1本　「和は良酒を醸す」に由来、やわらかな甘みと切れが調和

蓬莱泉　和
（純米吟醸）

甘口　フル　温度 12℃

◉ 麹米：山田錦 50%、掛米：チヨニシキ 50%　AL 15.0度　¥ 1,760円（720㎖）3,520円（1.8ℓ）

季節の1本（販売期間：秋季。11月下旬〜）
自社栽培の新米使用の限定酒

ほうらいせん
新米新酒 しぼり
たて（特別純米）

やや辛口　ミディアムライト　温度 10℃

◉ 麹米：夢山水55%、掛米：チヨニシキ55%
AL 17.0度　¥ 1,375円（720㎖）2,750円（1.8ℓ）

酒蔵おすすめの1本
蔵最高酒は11月の数量限定品

ほうらいせん
摩訶
（純米大吟醸）

やや甘口　ミディアム　温度 10℃

◉ 麹米＆掛米：夢山水30%　AL 16.0度　¥
6,050円（720㎖）14,300円（1.8ℓ）

蔵DATA　●創業年：1864年（元治元年）　●蔵元：関谷 健 七代目　●杜氏：荒川貴信 越後流
●住所：愛知県北設楽郡設楽町田口字町浦22

古式二段仕込み発泡酒など、多彩な技術を誇る酒造り

天遊琳
伊勢の白酒

てんゆうりん
いせのしろき

三重県　株式会社タカハシ酒造

　伊勢神宮と県内800余神社の新嘗祭の御神酒を、1933年から2011年まで79年間にわたって醸した蔵。六代目の髙橋伸幸さんが杜氏になり、御神酒造りも引き継いだ。失敗が許されない酒故に技術が磨かれ、1998年に「伊勢の白酒（しろき）」として商品化。シュワっと爽やかに泡立つ活性生酒で、グレープフルーツのような甘みと酸み、低アルコールとあって人気商品に。天遊琳は、まろやかな風味で様々な料理に寄り添い、燗酒にも向き、飲んでホッとする食中酒。原料米のうまみを重視した酒造りを得意とし、全量小仕込みで凛とした酒を醸す。

定番の1本
冬の名物・鈴鹿おろしで寒風造り。
優しく芯が強い特別純米

天遊琳 特別純米酒
瓶囲い

やや辛口　ミディアムライト　温度 43〜45℃

◎ 麹米：山田錦 55%、掛米：兵庫夢錦 55%
AL 15度
¥ 1,500 円（720㎖）3,000 円（1.8ℓ）

特別な1本
御神酒造りの技を活かした泡酒

伊勢の白酒
純米活性酒

やや甘口　ミディアム
温度 5〜8℃

◎ 麹米：神の穂 65%、掛米：神の穂・右近錦
等 65% AL 12度 ¥ 900円（360㎖）

酒蔵おすすめの1本
1000kgの小仕込み低温熟成酒

天遊琳 純米吟醸
山田錦55

やや辛口　ミディアム
温度 45℃

◎ 麹米＆掛米：山田錦 55% AL 15度
¥ 1,750円（720㎖）3,500円（1.8ℓ）

蔵DATA　●創業年：1862年（文久二年）●蔵元：髙橋伸幸 六代目 ●杜氏：髙橋伸幸・（自社）●住所：三重県四日市市松寺二丁目15番7号

今この一瞬を大事に醸し、精緻に造る魅惑的な酒

而今
高砂
じこん
たかさご

三重県 木屋正酒造合資会社 kiyashow.com/

　創業1818年の木屋正酒造。大和瓦と漆喰壁に虫籠窓の主屋が登録有形文化財に指定される老舗だ。6代目の大西唯克さんが醸す「而今」は透明感があり、ジューシーな味わいで瞬く間にトップ銘柄に。而今とは禅宗の故事に基づく言葉で、過去や未来にとらわれず、今をただ精一杯生きるを意味。酒造りは徹底した検証の裏付けを繰り返す。米は契約農家と連携、地元の山田錦、岡山県雄町の特上米など上質米を確保する。伝統を守り最新の技法で醸すのが信条。創業200周年の年に「高砂」を復活。美しさとふくよかさを求め、生酛造り木桶仕込みの酒も。

定番の1本
徹底した工程管理で醸す、洗練されたクオリティ高き特純

而今 特別純米

やや甘口 ミディアム 温度 10℃

麹米：山田錦 60%、掛米：五百万石 60%
AL 16.0度
¥ 1,500円（720mℓ）2,800円（1.8ℓ）

季節の1本（販売期間：8月）
雄町を而今風に醸した逸品

而今 純米吟醸 雄町

やや甘口 ミディアム
温度 10℃

麹米＆掛米：雄町 50% AL 16.0度 ¥
1,900円（720mℓ）3,600円（1.8ℓ）

酒蔵おすすめの1本
生酛造り木桶仕込みの渾身作

高砂 松喰鶴 純米大吟醸 生酛雄町

普通 ミディアム
温度 10℃

麹米＆掛米：雄町 45% AL 16度
¥ 5,500円（720mℓ）

蔵DATA ●創業年：1818年（文政元年）●蔵元：大西唯克 六代目 ●杜氏：自社杜氏 ●住所：三重県名張市本町314-1

可愛いラベルを超える、
少仕込みの個性豊かな純米酒

るみ子の酒
英

るみこのさけ
はなぶさ

三重県　合名会社森喜酒造場　moriki.o.oo7.jp/

「るみ子」さんの顔ラベルには伝説がある。蔵付き娘の森喜るみ子さんが、廃業寸前だった蔵の将来を悩んだ時、漫画『夏子の酒』を読み「自分のことだ！」と作者に熱い感想文を送った。それがきっかけで他の酒蔵、酒販店など、日本酒を支える人たちに励まされ、廃業寸前から立ち直った。そういう経緯で生まれたラベルなのだ。紀伊半島中央部の伊賀盆地。寒冷で乾燥する典型的な内陸性気候で醸される酒は骨太気質。香りを抑え、甘みを切った質実剛健な味わい。ラベルの印象と反するが、ぜひ燗して飲んでほしい。るみ子さんが微笑む味に変化する。

定番の1本
造り手の心を表す、
親近感たっぷりの純米和み酒

純米酒 るみ子の酒

やや辛口　ミディアム　温度 48℃

◉ 麹米：山田錦 60%、掛米：ひとごこち 60%
AL 15.0度
¥ 1,325円(720㎖) 2,650円(1.8ℓ)

季節の1本（販売期間：9月〜11月）
爽やかさ＋穏やか秋酒

純米酒 るみ子の酒
秋上がり

やや辛口　ミディアム
温度 常温、48℃

◉ 麹米：山田錦 60%、掛米：ひとごこち 60%
AL 15.0度 ¥ 1,325円(720㎖) 2,650円(1.8ℓ)

酒蔵おすすめの1本
伊賀産無農薬山田錦で醸す

英 きもと生原酒

辛口　フル
温度 常温

◉ 麹米＆掛米：山田錦 60% AL 17.0度
¥ 1,750円(720㎖) 3,500円(1.8ℓ)

蔵DATA
●創業年：1897年（明治三十年）●蔵元：森喜英樹 五代目 ●杜氏：豊本理恵
●住所：三重県伊賀市千歳41-2

日本酒に残る日本のモノサシ

加賀百万石と栄華を表した「万石」なる言葉。
実は時代劇だけではない。
日本酒の世界では、どっこい現役の単位なのだ。

　アルプス1万尺は、尺貫法の高さで3000m。シャクはシャクでも体積の1万勺は1石。1石は、一人が1年間で食べる米の量。1石取れる田んぼの面積は1反と、米と酒の量のモノサシは暮らしにぴったり寄り添っている。1勺は18㎖、約大さじ1杯強。差しつ差されつ、お酌でちびちび。1勺と1石の間にも10倍刻みで単位がある。10勺は1合、1合枡や1合カップもあり、ご飯を炊くにもおなじみだ。10合は1升、いわずと知れた1升瓶。大酒呑みは1升懸命ともいう。10升が1斗で、1斗樽、斗瓶囲いなどなど。そして10斗が1石となる。ゆえに、加賀百万石など、藩の大きさは石高で呼び表していた。蔵元は、一国一城ならぬ一石一醸のあるじ!?

一斗二升五合

これは、尺貫法でカウントする日本酒量の極めつき。
いったい何リットル？と聞くのは野暮。

これは「御商売益々繁盛」と読む。

一斗が五升×2だから五升の倍で「御商売」、二升は升が2つで升升「益々」、
五合は一升の半分なので半升「繁盛」、合わせて、御商売益々繁盛！
江戸時代から続く日本語パズル、尺貫法ならではの語呂合わせセンスはスゴイ。

酒の単位

※米ネタ
水1合の重さは180g
だが、米1合は150g。
お間違えないように！

1勺（しゃく）……………………18mℓ
1合（ごう）＝10勺……………180mℓ
1升（しょう）＝10合……………1800mℓ（1.8ℓ）
1斗（と）＝10升…………………18000mℓ（18ℓ）
1石（こく）＝10斗………………180000mℓ（180ℓ）

2合タンポ

一番使いでがある2合タンポ。1合つけるにもこぼれず安心。ステンレス製。

10合タンポ

なんと10合＝1升がまるまる入るデカタンポ。鍋宴会、お花見宴会で大活躍。アルミ製で軽量。ワイン、シャンパン、4合瓶のクーラーとしても重宝する。

4合瓶　**1升瓶**

1合枡

ぴったり1合180mℓが収まる基本の枡。無垢の杉材を使うため使い捨てが原則。最近はお祝い事でしか見なくなった。

純米酒と田んぼの未来

Q 純米酒を1升造るのに必要な玄米と田んぼの面積は?

A 純米酒(精米歩合70%)1升1本飲めば、
田んぼ1坪分(2畳)飲み干したことになります。

作付面積第2位の酒米「五百万石」は、「山田錦」に首位を譲るまで長くNo.1だった。育成年の1957年に新潟県の米の生産量が500万石を超えたのを記念して「五百万石」と名づけられた。加賀百万石にも使われる「石」。イシじゃなくてコクと読む。コクってなに?

1石とはその昔、大人一人が1年間に食べる米の量だった。つまり加賀百万石とは、100万人が食べていける国を意味する。そして1石がとれる田んぼの面積を1反と呼ぶ(妖怪の"一反"木綿とは別単位)。生活に密着したわかりやすい単位が日本にはあった。

2018年度に廃止となった減反政策だが、今なお100万ha以上の田んぼで米が栽培されていない。反数にしたら1000万反、つまり1000万人が食べていける面積が遊んでいる。もったいない。ここでちょっと計算してみよう。

純米酒造りで、米と水から醪を造り、醪を搾って酒粕を除くと純米酒の出来上がりだ。純米酒造りだと、水は米の約1.5倍、粕歩合という酒粕の比率は約0.25倍[*1]。そこから計算すると、仕込んだ米の約2.3倍の純米酒ができる。

逆に計算すると、1升の純米酒は1kgの玄米から造られる[*2]。

農薬化学肥料に頼らず、スカスカと間隔を空けて育てる田んぼでは、平均1反あたり6俵(360kg)という。すなわち純米酒360本分だ。1反 は約1,000㎡だから、360で割ると、純米酒1本造るのに必要な田んぼは約3㎡となる。

つまり1坪・2畳分!

減反中の田んぼを活かして純米酒を造った場合、1升瓶で36億本だ。結構多い気がするが、日本の成人人口1億人で割れば、一人年間36本、1日当たりたったの1合!

だから1日1合純米酒!

純米吟醸、純米大吟醸ならもっと多くの田んぼを必要とする。日本の農業、米の酒から考えてみては。

```
米(米麹)＋水 ＝ 醪
    醪 ＝ 酒＋酒粕
純米酒 ＝ 米＋水－酒粕
```

※1 粕歩合は純米より純米大吟醸の比率が高くなる。　※2 75%精米の純米酒の場合

近畿の酒

　南都諸白は、奈良時代の奈良で醸された日本酒の原型。灘、伏見は、江戸期から現代まで続く酒造りの中心地。近畿の気候は、うまい酒を造るのに向いた気候なのだ。一方、京料理を筆頭に、上方料理の伝統は長く深い。酒と食の文化を語る上で、近畿は常にトレンドセンターであり続けている。そして酒米の王、山田錦は兵庫県で生まれた。近畿の風土が、最高の酒米を生み出したのだ。山田錦の酒質が近畿の酒の酒質。上品でふくらみのある、うまみ豊かな酒。京料理に代表されるうまみのある出汁にぴったり合う。しっかりした味わいでうまみ多い食中酒と、京料理とのマッチングはベスト。

篤農家とタッグを組んで醸した、酒米違いを楽しむ酒

七本鎗 しちほんやり

滋賀県 冨田酒造有限会社
www.7yari.co.jp

　豊臣秀吉の天下取りをかけた賤ヶ岳合戦の際、活躍した「七本槍」の武将にちなんで命名。天文年間創業、江戸期に建てた蔵で酒を醸す老舗蔵。「日本酒だけを伝承するのではなく、とりまく環境ごと、残していきたい」と十五代目蔵元。地元の篤農家に環境に配慮した栽培を依頼。単一品種で醸し、酒米本来の味を引き出す酒造りを行う。定番酒「七本槍 純米 玉栄」をはじめ、玉栄をメインに復活栽培した渡船、山田錦などを使用。米の個性を生かし、うまみを強調、酸を高くして切れある旨酒に。熟成酒「琥刻（ここく）」は深みある美酒。

定番の1本

滋賀特産の玉栄100％で軽やか純米。お燗すると味ふっくら

七本鎗 純米 玉栄

`やや辛口` `ミディアムフル` `温度` 10〜65℃

- 麹米＆掛米：玉栄 60％
- AL 15.0〜16.0度
- ¥ 1,400円（720㎖）2,600円（1.8ℓ）

季節の1本（販売期間：10月〜11月）
日本酒の日発売のひと夏熟成

七本鎗 純米山田錦
ひやおろし

`やや辛口` `ミディアム`
`温度` 10〜50℃

- 麹米＆掛米：山田錦 60％ AL 15.0〜16.0度
- ¥ 1,450円（720㎖）2,900円（1.8ℓ）

酒蔵おすすめの1本
無農薬米ならではの優しい旨口

七本鎗
純米無有火入れ

`やや辛口` `ミディアム`
`温度` 10〜50℃

- 麹米＆掛米：玉栄 60％ AL 15.0〜16.0度
- ¥ 1,750円（720㎖）3,500円（1.8ℓ）

蔵DATA ●創業年：1534年 ●蔵元：冨田泰伸 十五代目 ●杜氏：冨田泰伸 ●住所：滋賀県長浜市木之本町木之本1107

松の司

竜王町テロワール、
田んぼの情景が浮かぶ穏やかな酒

まつのつかさ

滋賀県 松瀬酒造株式会社
www.matsunotsukasa.com

食の安全と環境にこだわり、生き物との共生を図りながら酒米栽培を行っている。竜王町の契約栽培米は、滋賀県の「環境こだわり農産物認証制度」の認証付きで、「化学合成農薬および化学肥料の使用量を通常の5割以下に削減し、環境への負荷を削減する技術で農産物を栽培する」というもの。これによって「精米の際に米が砕けにくくなり、歩留まりが上昇した」と蔵元。「松の司 純米大吟醸 AZOLLA50」の酒米は、栽培期間中、化学肥料・除草剤不使用。仕込み水に鈴鹿山系の伏流水を使い、竜王町のテロワールを最大限に引き出した1本。

定番の1本
竜王産酒米と水、酵母無添加生酛。
これぞ竜王の環境共生酒

松の司 生酛 純米酒

`やや辛口` `ミディアムライト` `温度` 15〜45℃

Ⓞ 麴米＆掛米：山田錦・吟吹雪 65%
ＡＬ 15.0〜16.0度
¥ 1,200円(720㎖) 2,500円(1.8ℓ)

特別な1本
竜王町の土壌の個性を醸す酒

松の司 純米大吟醸 竜
王山田錦［土壌別仕込］

`やや甘口` `ミディアムライト`
`温度` 10〜20℃

Ⓞ 麴米＆掛米：山田錦 50% ＡＬ 16.0〜17.0
度 ¥ 2,050円(720㎖) 4,100円(1.8ℓ)

酒蔵おすすめの1本
健康な水田に浮かぶウキクサ AZOLLA

松の司 純米大吟醸
AZOLLA(アゾラ)50

`普通` `ミディアムライト`
`温度` 10〜20℃

Ⓞ 麴米＆掛米：山田錦 50% ＡＬ 16.0〜17.0
度 ¥ 2,400円(720㎖) 4,800円(1.8ℓ)

蔵DATA

●創業年：1860年(万延元年) ●蔵元：松瀬忠幸 六代目 ●杜氏：石田敬三・能登
流 ●住所：滋賀県蒲生郡竜王町大字弓削475番地

フィリップ・ハーパー杜氏が醸す、驚き楽しい酒の数々

玉川 たまがわ

京都府 木下酒造有限会社
www.sake-tamagawa.com

　英国人のフィリップ・ハーパー杜氏が様々な醸造方法に挑む酒が話題沸騰。酵母無添加の山廃生酛系、ロックでうまい季節限定「Ice Breaker」は氷の溶け具合で温度とアルコール度数が刻々と変化する楽しさエンドレスな夏酒だ。と思えば、猿がのんびり温泉浴中の「やんわり」は低アルコールでまろやかな優しいタイプの温めてうまい食中酒。江戸時代の製法で造った「Time Machine 1712」は琥珀色した超甘口酒。「アイスクリームにかけると、笑ってしまうほどおいしい。丹後名物、鯖のへしことも驚きの相性！」と杜氏。どれも共通するのは飲んだ後の満足感だ。

定番の1本
コクもキレも抜群。燗酒と海産物との組み合わせが絶品

玉川 特別純米酒

辛口 ミディアムフル 温度 20〜70℃

麹米＆掛米：五百万石 60%
AL 16.0〜16.9度
¥ 1,300円(720ml) 2,600円(1.8ℓ)

特別な1本
コウノトリの野生復帰も応援

玉川 純米吟醸
コウノトリラベル

やや辛口 ミディアムライト
温度 7〜35℃

麹米＆掛米：五百万石(兵庫県産無農薬) 60%
AL 16.0〜16.9度 ¥ 2,000円(720ml) 4,000円(1.8ℓ)

酒蔵おすすめの1本
蔵付き酵母のナチュラルイージーな酒

玉川 自然仕込 純米酒
(山廃) やんわり

やや辛口 ミディアムライト
温度 20〜70℃

麹米＆掛米：北錦 66% AL 12.0〜12.9
度 ¥ 1,050円(720ml) 2,100円(1.8ℓ)

蔵DATA ●創業年：1842年(天保十三年) ●蔵元：木下善人 七代目 ●杜氏：フィリップ・ハーパー・南部流 ●住所：京都府京丹後市久美浜町甲山1512

ロックで飲む日本酒

「ペンギン争奪戦」なる言葉も生まれた木下酒造の「Ice Breaker」。毎年、発売前から予約殺到という人気夏酒。

Drink it on the rocks!

　商品名の「Ice Breaker」は、緊張をほぐして場をなごませる英語の意味に加え、ロックでおいしく飲めることから名付けられた。中身は純米吟醸・無濾過生原酒でアルコール度数は17度以上。フィリップ・ハーパー杜氏の造る力強い濃醇系は

ロックで飲んでも味がくずれない！

　大きなグラスにデカイ氷をひとつ入れ、カラカラまわして涼やかな音を立て飲むもよし、ゆっくりと溶けていく様子を楽しむもよし。氷の溶け具合にしたがって温度とアルコール度数が刻々と変化する、その楽しさはエンドレス。色々な飲み方で遊べる味わい深い夏酒だ。燗にして「Hot Breaker」と呼んで楽しむファンも多いという、恐るべし、フィリップ杜氏。

ロックでおいしい日本の夏の代表酒

玉川 純米吟醸
Ice Breaker

やや辛口　ミディアムフル

麹米＆掛米：日本晴 60%
AL 17.0〜17.9度　¥ 1,100円
（500ml）3,000円（1.8ℓ）

京都の和食と合う、柔らかく甘い現代的な伏見の女酒

蒼空
そうくう
京都府 藤岡酒造株式会社
www.sookuu.net

　京都伏見、坂本竜馬で有名な寺田屋にほど近い蔵。杉玉と稲穂のステンドグラスなど伝統とモダンが合わさった「酒蔵Barえん」を併設する。囲炉裏のある開放的な空間で、蒼空のラインナップが飲めるBarだ。ガラス越しに仕込み蔵も見え、いっそう酒がうまく感じる。定番酒「蒼空 純米・美山錦」の味の特徴は、口当たりの柔らかさと上品な甘さにある。和食の中心地である京都の酒蔵だけあり、お椀を頂いた後にもスッと飲める、まろやかな米のうまみを感じる軽い後口だ。500mlはラベルが布製、ベネチアガラス工房の酒瓶入り。

定番の1本
灘の男酒と並ぶ伏見の女酒、
ソフトな口当たりと品良い甘さ

蒼空 純米・美山錦

`やや甘口` `ミディアムライト`

🌾 麹米＆掛米：美山錦 60%
`AL` 15度
¥ 1,700円（500ml）3,050円（1.8ℓ）

季節の1本（販売期間：10月〜）
秋においしい、まろやか美山錦

蒼空 純米酒
ひやおろし

`やや甘口` `ミディアム`

🌾 麹米＆掛米：美山錦
60% `AL` 16度 ¥ 1,800円
（500ml）3,050円（1.8ℓ）

酒蔵おすすめの1本
吟醸香とやわらかさ。調和の純吟

蒼空 純米吟醸
山田錦

`やや甘口` `ミディアムライト`

🌾 麹米＆掛米：山田錦
55% `AL` 16度 ¥ 2,400円
（500ml）4,100円（1.8ℓ）

蔵DATA
●創業年：1902年（明治三十五年）●蔵元：藤岡正章 五代目 ●杜氏：藤岡正章
●住所：京都府京都市伏見区今町672-1

全量無濾過生原酒、硬水仕込み、輪郭の整った生酒

風の森 鷹長
かぜのもり
たかちょう

奈良県 油長酒造株式会社 www.yucho-sake.jp

　酒名の「風の森」は奈良盆地の風の通り道、記紀にも登場する風の森峠から。米は峠近くの田んぼで育った秋津穂を主に使用。発酵時の炭酸ガスをわずかに残し、爽やかで果実のような甘みととろみ感、余韻ある酸味が広がる。立体的な食感が五感をくすぐる味わいだ。もう一つの銘柄「鷹長」は室町時代の寺院醸造酒を現代に再現した酒で力強い深い味が特徴。微生物を管理し、タンクや充填機も独自に開発するなど酒質を安定させる努力を続ける。「この奈良という地で最も前衛的な日本酒に取り組む一方で、最も古典的な日本酒にも取り組みます」と蔵元。

定番の1本
「風の森」といえばの代表作。
フレッシュ＆リッチな無濾過酒

風の森 秋津穂 657

`やや辛口` `ミディアムフル` `温度` 特になし

🍶 麹米＆掛米：奈良県産秋津穂 65%
AL 16度
¥ 1,050円（720mℓ）

季節の1本（販売期間：要問合せ）
奈良の大地を力強く表現

風の森 秋津穂 807

`やや甘口` `フル`
`温度` 特になし

🍶 麹米＆掛米：奈良県産秋津穂 80%
AL 16度 ¥ 1,250円（720mℓ）

酒蔵おすすめの1本
室町時代の日本酒原型を甦らせる

鷹長 菩提酛 純米酒

`甘口` `フル`
`温度` 特になし

🍶 麹米＆掛米：奈良県産ヒノヒカリ 70%
AL 17度 ¥ 1,500円（720mℓ）

蔵DATA　●創業年：1719年（享保四年）●蔵元：山本長兵衛 十三代目 ●杜氏：中川悠奈・社員 ●住所：奈良県御所市1160

霊峰葛城山麓で醸す、
酒米の種類の違いを楽しめる蔵

篠峯 しのみね
櫛羅 くじら

奈良県 千代酒造株式会社 www.chiyoshuzo.co.jp

　役行者や楠木正成縁の霊峰葛城山の麓。古い時代から酒造りが連綿と続いてきた地下水豊富な土地だ。「篠峯」の特徴は、原料米の多彩さ。奈良県内でトップの実力を持つ酒米栽培の篤農家に依頼し、山田錦、伊勢錦、亀の尾を契約栽培。ほか、赤磐地区の瀬戸雄町。広島八反35号。富山雄山錦。そして北海道のきたしずく。兵庫の愛山と、個性ある8種類の酒米を使用。米の特徴を活かし、米ごとのバラエティに富んだ味が楽しめる。もう一つのブランド「櫛羅」は、蔵周辺の田んぼで農薬や化学肥料に頼らず自家栽培する山田錦で醸す酒。気候、水、土、風土を瓶に詰める。

定番の1本
発酵しっかり、すっきり軽快仕上げ。
篠峯の辛口スタンダード

篠峯 純米
山田錦 超辛口

`辛口` `ミディアムライト` `温度` 10〜55℃

◎ 麹米:山田錦 60%、掛米:山田錦 66%
AL 15.8度
¥ 1,200円(720mℓ) 2,400円(1.8ℓ)

季節の1本 （販売期間:6月〜8月）
雄町で醸す夏酒は鮮烈フルボディ

篠峯 夏凛
雄町 純米吟醸
無濾過生酒

`普通` `ミディアム` `温度` 8℃

◎ 麹米&掛米:雄町 60% AL 15.8度
¥ 1,400円(720mℓ) 2,800円(1.8ℓ)

酒蔵おすすめの1本
葛城山の麓、櫛羅の風土を醸す酒

櫛羅 純米吟醸

`やや辛口` `ミディアムフル`
`温度` 10〜50℃

◎ 麹米&掛米:山田錦 50% AL 16.5度
¥ 1,800円(720mℓ) 3,600円(1.8ℓ)

蔵DATA
●創業年:1873年(明治六年)　●蔵元:堺 哲也 三代目　●杜氏:堺 哲也・蔵元流
●住所:奈良県御所市大字櫛羅621

蔵付き酵母と乳酸菌で醸す、風土に根ざす酒造り

花巴 はなともえ

奈良県 美吉野醸造株式会社
www.hanatomoe.com

奈良吉野の千本桜が咲き誇っている様を表したのが酒銘の由来。土地の風土に根ざした酒造りを徹底している。原料米はもちろん、酵母と、乳酸菌までも土地由来。地酒の個性を楽しむ酒だ。酒米は、県内農家が契約栽培している山田錦、吟のさと、五百万石。酒造りには突き破精麹が多い中、あえて手作業による総破精の麹造りを行って上質な酸を追求。酒母は乳酸無添加、全国でも珍しい水酛と、定番酒「花巴 山廃純米」にも使われる山廃酛。乳酸菌と酵母も無添加で、奈良吉野の微生物だけの力により発酵をスタートさせている。

定番の1本
風土を活かし、自然な酵母を育てて醸す独自の酸と豊かな味

花巴 水酛純米酒

やや辛口 フル 温度 常温〜

◎ 麹米＆掛米：奈良県産契約栽培酒米70%
AL 16.0度
¥ 1,500円(720ml) 3,000円(1.8ℓ)

季節の1本 (販売期間：6月〜)
山廃の酸や濃厚さが炭酸とマッチ

花巴 山廃 純米大吟醸 スプラッシュ

やや甘口 フル
温度 5〜10℃

◎ 麹米＆掛米：奈良県産契約栽培酒米50% AL 17.0度 ¥ 1,700円(720ml)

酒蔵おすすめの1本
有機栽培米で醸す

南遷 プレミアムオーガニック

甘口 フル 温度 5℃〜燗

◎ 麹米＆掛米：奈良県産契約有機栽培酒米 80% AL 17.0度 ¥ 1,360円(500ml) 3,300円(1.8ℓ)

蔵DATA ●創業年：1912年(明治四十五年) ●蔵元：橋本晃明 四代目 ●杜氏：橋本晃明・我流 ●住所：奈良県吉野郡吉野町六田1238-1

人気豪腕杜氏が造る、
熱々がうまい燗専用にごり酒

生酛のどぶ
睡龍

きもとのどぶ
すいりゅう

奈良県 株式会社久保本家酒造 kubohonke.com

　夏は蔵内に蛍が舞い、冬は厳寒の吉野葛名産地、大宇陀の蔵。完全発酵酒「生酛のどぶ」を醸す。乳酸飲料のようなコクがある旨辛酒、おりがらみで食物繊維が豊富なことから健康飲料酒とも呼ばれる。60℃超えの熱燗でもヘコタレないどころかうまさが冴え、癖になる味。昇り龍のようならせん状のラベル「睡龍」は熟成酒、ともに、しっかり発酵させた純米酒ならではの旨切れボディが特徴。生酛造りは加藤克則氏のおはこなのだ。ワイン好き・日本酒好きが高じて、酒造りの道に入った異色の経歴を持つ豪腕杜氏。

定番の1本
上澄みも楽しめる燗専用にごり酒、
割水燗もオススメ

生酛のどぶ

`辛口` `フル` `温度` 60℃

麹米：山田錦 65%、掛米：あきつほ 65%
`AL` 15.0度
`¥` 1,600円(720㎖) 3,200円(1.8ℓ)

特別な1本
スカッと切れる辛口
5年熟成の生酛

生酛純吟 睡龍 生詰

`辛口` `ミディアムフル` `温度` 60℃

麹米＆掛米：山田錦 50%
`AL` 15.0度 `¥` 2,500円(720
㎖) 5,000円(1.8ℓ)

酒蔵おすすめの1本
しっかりボディプラス
清涼感の酸

純米吟醸 睡龍

`辛口` `ミディアム` `温度` 55℃

麹米＆掛米：山田錦
50% `AL` 15.0度 `¥` 1,700円
(720㎖) 3,400円(1.8ℓ)

蔵DATA　●創業年：1702年(元禄十五年) ●蔵元：久保順平 十一代目 ●杜氏：加藤克則・上原流 ●住所：奈良県宇陀市大宇陀出新1834番地

生酛造りは、日本酒造りの出発点

──── 久保本家酒造・杜氏　加藤克則 ────

　酒造りは掃除から始まります。酒造り中、蔵の中の掃除が行き届いていないのはいただけません。人の口に入るものを造っているのだから、まして自分たちが一番飲むのだから。手を抜かずに掃除をやってほしいと言うと、蔵人たちは言われたこと以上のことをやってくれます。指示された以上のことができなければ、まっとうな生酛純米酒はできないと考えて酒造りを行っています。

　酒造りをする前は、生酛純米酒を造ることがゴールでしたが、プロの造り手となった今は出発点。生酛造りは、日本酒造りの基本であると考えます。

　香り系の速醸酛の造りとは違う、米洗い・蒸し・麹・酒母・醪それぞれの操作、作業があり、ある意味完成されています。生酛造りの作業の一つ一つの道理を理解してこそ、新しい技術である速醸を、難なく行うことができるものと考えています。

　「生酛のどぶ」は、白身のお刺身には合わせにくいですが、赤身の魚や肉、野菜の煮物やおひたし、乾物まで普段の料理によく合うと思います。あまり自己主張しないお酒です。割水燗にして、食中酒として飲むのが一番落ち着く飲み方です。

　麹の出来が不十分で、イラ湧きしたような薄っ辛い酒は、本来の辛口ではないと思います。麹を栗香を超えるまで造りこみ、その強い酵素力により糖化された糖を、余すところなく発酵させること。雑味が全く感じられなくなるまで発酵した醪こそが、ちゃんとした辛口だと自分は考えます。

酒の神が鎮まる地、大神神社のお膝元で 三輪を伝える美酒を醸す

みむろ杉

みむろすぎ
奈良県　今西酒造株式会社
imanishisyuzou.com/

　奈良盆地南東端、日本一高い大鳥居の大神神社は、ご神体が三輪山そのもの。この山の杉を丸めたものが本来の杉玉だ。酒造り発祥と伝わる地に、唯一残る今西酒造。酒銘の「みむろ杉」は杉玉の異称。十四代目の今西将之さんが、最高のおいしさを求めて蔵を大改革し、清潔を徹底し設備を整え、全量を大吟醸と同じ造りに変えた。仕込み水は三輪山の伏流水。三輪の地酒をうたうなら米も同じ水系でと、地元農家に協力を仰ぎ酒米を契約栽培し、自社田でも栽培を開始。今や日本酒鑑評会で常に上位入賞を果たす人気酒。酒を通して三輪を伝える。

定番の1本
奈良の酒造好適米「露葉風」で
穏やかな香りと米のうまみを

みむろ杉 ろまんシリーズ
特別純米 辛口 露葉風

`やや辛口` `ミディアムライト` `温度` 12℃〜15℃

Ⓝ 麹米＆掛米：露葉風 60%
`AL` 15.0度
¥ 1,400円(720ml) 2,600円(1.8ℓ)

季節の1本 (販売期間：6月〜8月)
後口ドライな夏向き辛口純米

みむろ杉
ろまんシリーズ 夏純

`普通` `ミディアムライト`
`温度` 12〜15℃

Ⓝ 麹米＆掛米：山田錦 65% `AL` 15.0度
¥ 1,500円(720ml) 2,800円(1.8ℓ)

酒蔵おすすめの1本
和洋中に合う「神宿る」名の酒

みむろ杉 ろまんシリーズ
Dio Abita

`やや甘口` `ミディアム`
`温度` 12〜15℃

Ⓝ 麹米＆掛米：山田錦 60% `AL` 13.0度
¥ 1,500円(720ml) 3,000円(1.8ℓ)

蔵DATA　●創業年：1660年(万治三年)　●蔵元：今西将之 十四代目　●醸造責任者：澤田英治　●住所：奈良県桜井市大字三輪510

紀州の風土を伝えたい、
口当たり柔らかく喉通り良い酒

紀土 きっど

和歌山県　平和酒造株式会社
www.heiwashuzou.co.jp

　発酵文化が盛んな和歌山県は降水量が多く良質な水が豊富。醤油、金山寺味噌、鰹節の発祥地といわれ日本酒蔵も多い。南紀の山間にある平和酒造は、南高梅を贅沢に使った梅酒で注目を集め、紀州の風土を醸す日本酒「紀土」を立ち上げて大躍進。水の良さ、紀の土の恵みを生かした酒造りは、フルーティで切れも抜群。また、和歌山産の山田錦を80％の低精米で醸した酒や、プレミアム銘柄「無量山」も大人気。2020年のIWCでは最高賞のチャンピオン・サケを受賞するなど国内外でも評価が高い。クラフトビールも手がけるなど勢いがある蔵。

定番の1本
爽やかな風味。
冷酒から燗酒まで楽しい

紀土 純米酒

| やや辛口 | ミディアムライト | 温度 | 50℃ |

Ⓜ 麹米：五百万石 50％、掛米：一般米 60％
AL 15度
¥ 950円(720ml) 1,900円(1.8ℓ)

特別な1本
高野山伏流水の良さを感じる旨口

紀土 純米吟醸酒

| やや辛口 | ミディアムライト |
| 温度 | 10℃ |

Ⓜ 麹米：五百万石 50％、掛米：五百万石55％
AL 15度　¥ 1,130円(720ml) 2,260円(1.8ℓ)

酒蔵おすすめの1本
米のうまみと心地よい酸の調和

紀土 純米酒
あがらの田で
育てた山田錦
低精米八十％

| 辛口 | ミディアム | 温度 | 50℃ |

Ⓜ 麹米＆掛米：和歌山県産山田錦 80％
AL 16度　¥ 1,200円(720ml) 2,400円(1.8ℓ)

蔵DATA
●創業年：1928年(昭和三年)　●蔵元：山本典正 四代目　●杜氏：柴田英道・南部流　●住所：和歌山県海南市溝ノ口119

「より良い酸を食卓へ」
酸味のうまさを追求する酒造り

雑賀
さいか

和歌山県 株式会社九重雑賀
www.kokonoesaika.co.jp

戦国時代の雑賀衆の末裔が醸す酒。もともとの生業は「酢屋」。食酢の主原材料が酒粕であり、良い酒粕のためには、良い酒が必要という源流主義から、酒造りを始めた。その主義を徹底して、良い酒を造るために良い米が必要と、和歌山県内で特別栽培による酒米造りも始めている。クオリティの高い管理による醸造を行い、全量瓶貯蔵、冷蔵庫管理と基本に忠実だ。「より良い酸を食卓へ」は、昔から掲げてきた標語。定番酒「辛口 純米吟醸 雑賀」は、味にふくらみがありながら、心地よい酸味によりすっきりした切れがあるのが特徴。

純米吟醸 雑賀 さいか

和歌山県紀の川市桃山町元142番地1 株式会社 九重雑賀

日本酒

定番の1本
より良い酸を追求する蔵ならではのキレイ系純吟、すしと合う

辛口 純米吟醸 雑賀

辛口 ミディアム 温度 4〜40℃

麹米:山田錦 55%、掛米:五百万石 60%
AL 15度
¥ 1,300円(720ml) 2,600円(1.8ℓ)

季節の1本（販売期間:9月〜11月）
瓶貯蔵でひと夏熟成、雄町らしい酒

雄町 純米吟醸 雑賀 ひやおろし

やや辛口 ミディアム
温度 4〜40℃

麹米＆掛米:雄町 55% AL 16度
¥ 1,500円(720ml) 3,000円(1.8ℓ)

酒蔵おすすめの1本
酵母ブレンドのリッチな吟醸香

山田錦 純米大吟醸 雑賀

やや辛口 ミディアムライト
温度 4〜40℃

麹米:山田錦 45%、掛米:山田錦 50%
AL 16度 ¥ 1,950円(720ml) 3,900円(1.8ℓ)

蔵DATA ●創業年:2006年(平成十八年) ●蔵元:雑賀俊光 初代 ●杜氏:児玉芳季 ●住所:和歌山県紀の川市桃山町元142-1

地元特Ａ山田錦で、
大吟醸の頂点にこだわり続ける蔵

龍力
たつりき

兵庫県　株式会社本田商店
www.taturiki.com

　世界遺産で国宝の姫路城が立つ播州平野、山田錦の誕生地にある蔵。酒米の王、特Ａ地区の山田錦といっても、田んぼによって品質の違いがある。そこで日照条件と土壌条件を幾年もかけて調査し、究極の産地を特定。そこが東条町秋津にある究極の田んぼ。窒素を減らし収量を求めない食味優先の「への字形」栽培法、稲木掛け自然乾燥による山田錦。その米のうまみを、究極まで引き出した酒が、「純米大吟醸 龍力 米のささやき秋津」。他には御津町中島産神力、豊岡産五百万石、岡山瀬戸産雄町、多可町中区産山田穂など、米の味わい違いが楽しめる。

大 吟 醸 米 の さ さ や き

定番の1本
自社製造の山田錦アルコールを
添加した大吟醸

大吟醸ドラゴン青
EPISODE1（エピソード1）

やや辛口　ミディアムフル　温度 10℃

◎ 麹米：山田錦 40%、掛米：山田錦 50%
AL 16.0度
¥ 3,000円（720mℓ）5,000円（1.8ℓ）

季節の1本 （販売期間：12月〜3月）
フレッシュ満喫！ 爽やか果実香

龍力 特別純米
純米しぼりたて

普通　フル　温度 10℃

◎ 麹米&掛米：五百万石 65% AL 18.0度
¥ 1,500円（720mℓ）3,000円（1.8ℓ）

酒蔵おすすめの1本
農地・農家・栽培方法限定の逸品

純米大吟醸 龍力
米のささやき秋津

やや辛口　ミディアム
温度 15〜18℃

◎ 麹米&掛米：山田錦秋津米 35% AL 16.0
度 ¥ 15,000円（720mℓ）30,000 円（1.8ℓ）

蔵DATA ●創業年：1921年（大正十年）●蔵元：本田眞一郎 四代目 ●杜氏：寺谷正幸・自社杜氏（播州流）●住所：兵庫県姫路市網干区高田361-1

「手造りに秀でる技はなし」
手間暇かけて醸す芳醇旨酒

奥播磨

おくはりま
兵庫県 下村酒造店
www.okuharima.jp

　日本三彦山の一つ、修験道の行場として知られる雪彦山、通称「せっぴこさん」の西山麓。安富町は9割を山林に囲まれる。仕込み水は雪彦山系伏流水、酵母の発育が活発な中硬水だ。仕込み量を1000kgまでとし、できる限り手をかけるのが信条。「手造りに秀でる技はなし」と蔵元。分析値だけに頼らず、醪を見て品温経過を考える。特徴はうまみの多さ。日本酒離れした旨酒は鹿肉からアンチョビ、鮎の甘露煮、貝の佃煮とも好相性。定番酒の「奥播磨 山廃純米スタンダード」は、山田錦の孫にあたる安富町産兵庫夢錦の酒。味幅がしっかりあり、コクを楽しめる。

定番の1本
兵庫夢錦のうまみが凝縮、
濃醇な酸味とコクが楽しい

奥播磨
山廃純米スタンダード

`普通` `ミディアムフル` `温度` 15〜50℃

◎ 麹米＆掛米：兵庫夢錦 55%
AL 16度
¥ 1,250円（720mℓ） 2,500円（1.8ℓ）

季節の1本 （販売期間：5月〜7月）
日本酒度＋15の辛口夏生酒

奥播磨 純米吟醸
夏の芳醇超辛

`やや辛口` `ミディアム`
`温度` 5〜10℃

◎ 麹米：山田錦 55%、掛米：兵庫夢錦 55%
AL 17度 ¥ 1,600円（720mℓ） 3,200円（1.8ℓ）

酒蔵おすすめの1本
心落ち着くうまみ多き純吟

奥播磨 純米吟醸
深山霽月

`普通` `ミディアムライト`
`温度` 10℃、30℃

◎ 麹米：山田錦 55%、掛米：兵庫夢錦 55%
AL 17度 ¥ 1,600円（720mℓ） 3,200円（1.8ℓ）

蔵DATA　●創業年：1884年（明治十七年）●蔵元：下村裕昭 六代目 ●杜氏：下村裕昭・但馬流 ●住所：兵庫県姫路市安富町安志957

一粒の米に無限の力あり。
米のうまみが生きた辛口の酒

竹泉
ちくせん
兵庫県　田治米合名会社
www.chikusen-1702.com

「天空の城・日本のマチュピチュ」竹田城まで、歩いて1時間超、但馬杜氏の里の全量純米蔵。「一粒の米にも無限の力あり」と米のうまみが生きた辛口の酒を醸す。甘みではない、熟成によるうまみを追求し、日本酒本来の香りを重視。「ワインのような酒ではなく、うまい純米酒」と蔵元。「竹泉 純米大吟醸 幸の鳥」は地元のコウノトリが育むお米の酒。冬期湛水や深水管理、無農薬無化学肥料栽培で、コウノトリの餌も育てる農法だ。この酒1升で、8m²の田んぼが無農薬になる。うまみたっぷり、切れ味抜群の意味ある1本。全量兵庫県但馬産米を使用。

定番の1本
辛さの中に味がある。
但馬杜氏の底力がわかる食中酒

竹泉 醇辛 深緋 Vintage

辛口　フル　温度 55℃

麹米:山田錦 60%、掛米: 五百万石 60%
AL 15.0度
¥ 1,550円(720ml) 2,800円(1.8ℓ)

季節の1本（販売期間:9月〜12月）
秋の味覚に合わせて酒をブレンド

竹泉 秋の熟成酒 りん

辛口　フル　温度 60℃

麹米&掛米:非公開 AL 15.0度 ¥
1,500円(720ml) 3,000円(1.8ℓ)

酒蔵おすすめの1本
但馬から自然な世の中を広める酒

竹泉 純米大吟醸 幸の鳥

辛口　ミディアム
温度 45℃

麹米&掛米:山田錦 40% AL 15.0度
¥ 5,000円(720ml) 10,000円(1.8ℓ)

蔵DATA

●創業年:1702年(元禄十五年) ●蔵元:田治米博貴 十九代目 ●杜氏:高橋慶次・但馬流 ●住所:兵庫県朝来市山東町矢名瀬町545

大阪能勢にドメーヌあり！
ジビエとも最高のマッチング

秋鹿 あきしか

大阪府　秋鹿酒造有限会社

「一貫造り」で米作りから酒造りまで行う蔵元杜氏。大阪最北、標高250ｍの歌垣盆地は、夏の一日の寒暖差10℃以上、厳寒期は零下5℃以下と、大阪でありながら米作りと酒造り、両方の理想郷だ。一貫した米酒造りで育てられる米は無農薬無化学肥料で栽培。出来た酒は、きれいで厚い酸味に加えガッツリとうまみがのっている。しっかりした味の骨格がありながら繊細な一面もある。キンキンの冷やで良し、熱燗で良し。何にでも合うオールマイティな食中酒。特に鹿や猪など、この地のジビエとは「大地をダイナミックに味わえるマッチング」と蔵元。

定番の1本
山廃造りの豊かな酸、後味の切れ。
秋鹿らしいコク旨生原酒

秋鹿 山廃生原酒
山田錦2020

辛口 ミディアムフル 温度 常温、50℃

◎ 麹米＆掛米：山田錦 70% AL 18.0度
¥ 1,750円(720㎖) 3,200円(1.8ℓ)

季節の1本 (販売期間：12月〜3月)
弾ける味わいが魅力！ 直汲純吟

秋鹿 純米吟醸
槽搾直汲

辛口 ミディアムフル
温度 常温

◎ 麹米＆掛米：山田錦 60% AL 18.0度
¥ 1,750円(720㎖) 3,200円(1.8ℓ)

酒蔵おすすめの1本
冷や良し、燗良し、燗冷まし良し

生酛 火入原酒
奥鹿 2017

やや辛口 フル
温度 常温、50℃

◎ 麹米＆掛米：山田錦 60% AL 18.0度
¥ 2,400円(720㎖) 4,300円(1.8ℓ)

蔵DATA ●創業年：1886年(明治十九年) ●蔵元：奥 裕明 六代目 ●杜氏：奥 裕明・但馬流 ●住所：大阪府豊能郡能勢町倉垣1007

2〜3月籾がら発酵堆肥作り

苗床

6月田植え直前の山田錦の苗

田植え

9月登熟期の山田錦

稲刈り前の山田錦

山田錦自家栽培
40周年を目前にして

—— 秋鹿・蔵元　奥 裕明 ——

　昭和60年、自営田で山田錦の栽培を始めた時の面積は3反。今思えば猫の額くらいの広さだが、収穫時には期待に反して、見事に倒伏。翌年リベンジするがまたもや失敗。落胆、焦り、苛立ちが募る中、翌冬に救世主出現。大阪国税局鑑定官室長の永谷正治先生との出会いである。当時社長（父）は長年の農家のプライドがあり、先生の指導を受け入れられず、ご指導に従うとしていた私とは常に葛藤。父の説得に苦労しながら、苗の植え付け間隔増・窒素肥料無施肥等を試みた結果、遂に台風でも倒伏しない山田錦の収穫に大成功。酒米シャトーの始まりに歓喜した。自営田では、年々無農薬栽培を増やしていき、現在に至る。

　「米作りから酒造りまで一貫造り」をモットーとする秋鹿の礎は、「永谷先生との出会いにあり」と言っても過言ではないと思う。息子や若い社員の意見も尊重しながら、体力のある限り、米作り・酒造りにと納得のいくまで精進していきたい。常に楽しくが、私流ではありますが。

樽酒の醍醐味は、静かさとのどかさ

その昔、酒造りは杉で出来た桶と樽をフル活用。桶で仕込まれ、樽に移され、売られ……と、容器は全て杉材だった。後にタンクで瓶詰めが常識となり、酒から杉の香りが消えたのだ。杉の桶は高価で、大量生産には不向き。木が酒を吸って不経済。温度管理、清掃もしにくい等で敬遠されるようになった。今、見直される気運もあり、木桶仕込みを再現する蔵も現れた（p.162参照）。

奈良県・法隆寺近くに蔵を構える長龍酒造の「吉野杉の樽酒」は、日本初の瓶詰め樽酒だ。販売して半世紀。仕込みに使う樽材は、樹齢80年以上の県内産吉野杉で

「甲付（こうつき）樽」を使う。甲付樽とは、"表が白く、内側が赤い、白赤半々"の杉のこと。

香りをつけるのは杉の「赤み」と言われているが、なぜ甲付樽にこだわるのか。それは、赤みだけの樽では香りが強すぎ、渋みや色が酒につきすぎてしまうからだという。ゆえに白赤半々の甲付きがベストなバランスと判断。樽になる杉は年輪の緻密さが必要なため、入手には林業者との信頼関係が何よりも大切（ただし高齢化が心配とも）。

樽酒で重要なのは、味と香りの調和という。杉のエキス分の生かし方、渋みとの調和、まろやかなうまみと香りのバランス、この見極めが難しいため、杜氏以外に熟練の

酒樽に使う杉は何種類もあるが、奈良県の吉野郡産のものが最上とされる。長龍酒造では、吉野の川上村、天川村、黒滝村の杉のみを使用。

「樽添師」が専任でつく。酒は出来てからも着色が進み、香りが消えやすい。そのため瓶詰め後にパストライザー（急冷装置）で急冷し、樽の香りと味を封じ込めるという。

長龍酒造の創業者が目指したのは「静かさとのどかさ」。静かさを感じる味わいとは、なんとも日本的ではないか。こちらの樽酒は長いことアルコール添加の酒のみだった。純米志向で取り組むものの、香りと味のバランスが難しく、純米酒なら何でも良かったわけではなかった。樽酒に必要なのは、少しの甘みと切れ味。ふくらみがある酒にしたくて、酒米は岡山県の雄町に決め、速醸で醸した酒を樽酒にしたが、しっくりこなかった。たまたま山廃2年熟成酒を注いでみると、香りと味の調和がとれて、お燗にしてもおいしい樽酒ができた。そこで山廃の酒で方針が決まった。おすすめは50℃に温めた燗酒を45℃で飲むこと。"燗ざめした酒の香味は落ちる"といわれるが、樽酒は杉樽のエキス分が味にあるおかげで、唯一お燗でおいしくいただける樽酒という。雄町＋山廃の自然で豊かな酸味が功を奏した。「創業者の思いを新しい樽酒にのせ、お客さまに届けたいと考えます」と、蔵は心を込めて瓶に詰める。

合理化という名のもと、樽や熟成酒など、手間と伝統を捨ててしまうのは簡単なことだが、今はそこに価値がつく時代。樽酒には、日本の山、水、田んぼ、伝統産業と伝統醸造、全てが詰まっているように感じられてならない。

雄町＋山廃の酸味が杉の香りとよく合う

吉野杉の樽酒
雄町山廃純米酒

普通　ミディアム
温度　常温〜50℃

麹米＆掛米：
岡山高島雄町米68%

AL　14.0度　¥　1,560円
（720mℓ）3,120円(1.8ℓ)

長龍酒造株式会社　www.choryo.jp
奈良県北葛城郡広陵町南4　蔵見学は要予約。売店も併設。
酒粕クリームチーズなどや、「生囲い」吉野杉の樽酒はじめ
隠れアイテム、長期熟成酒なども販売。

杉がおいしく醸す

麹蓋 [こうじぶた]

※ 蓋麹と逆に言う場合もあり

酒の心臓部を作る麹。自動製麹機がある現代に、
おいしさを追求する蔵がこだわって使っているのが「麹蓋」と、
それより大きな「箱麹」という杉の木箱。
最上の麹を目指す蔵はこれこそが命と絶対譲らない。

　上質な麹造りに欠かせない「麹蓋」。一見、シンプル極まりない木箱が、ひと箱3万円以上する。だが「これでも見合わない」と秋田県大館市・沓澤製材所の沓澤俊和さんはため息をつく。杉加工品もいろいろあれど、これほどハードに使われる杉はない。高温の麹室で、麹をのせて2昼夜。清潔を保つため使用後に熱湯につける蔵もあるという。「普通の杉材では、すぐ隙間ができ、そって使いものにならない」。年輪の幅が狭く、強度に優れ狂いが少ない天然杉の柾目を使う。しかも、機械製材では表面がツルっと滑ってしまうため、微妙なひっかかりを要する麹造りには適さず、手斧で薄く切るというのだ。一枚たりとも失敗が許されない高級材、この道50年近くのベテラン職人が、1枚ずつ慎重に行う。この麹蓋を作ることで、様々な技術の継承が行われる。

四田酒造の麹室。麹屋の忠田慶さんが
麹の時期を確認する。撮影 名智健二

ゆきの美人醸造元・秋田醸造の蔵元杜氏、
小林忠彦さん。麹はすべて麹蓋を使用。

秋田県大館市・沓澤製材所の麹蓋。

日本一高い天然杉。

天然杉と沓澤さん。

箱麹 ［はここうじ］

宮城県・萩野酒造、蔵元の佐藤曜平さん。
麹蓋より大きな箱麹を使用。震災で建て
直した麹室は何もかも清々しい。

鳥取県・山根酒造場の蔵元・山根正紀さん。
麹室の杉ともども、地元の山の杉でなけれ
ば合わなかったという。

161

木桶

ほんの50年前までは、
どこの酒蔵でも木桶で酒を仕込んでいた。
清掃が簡単、酒が減らない等の理由から、
ホーローやステンレスのタンクに取って代わった。
それが今また見直されている。

栃木・仙禽

酒母まで木桶は珍しい。

栃木・仙禽の蔵元杜氏、薄井一樹さんは酒母も木桶。なぜそこまで木桶なのか？「科学的に分析はできませんが、醪の発酵がバイオリズムに富んでいます。まるで赤ん坊のように機嫌の良い時、悪い時があり、とても人間くさい発酵です。これが最大の特徴ではないでしょうか。温度管理が難しいといわれますが、保温効果が高く、厳寒の時期であればホーロータンクより扱いやすい。ただし、低精白の米（当蔵の場合、精米歩合90%）は栄養がたくさんあるのでグングン温度が上がり、木桶では管理が大変です（笑）」。

「米には、私たちが知らない"未知の領域"が隠れているように思います」──山根正紀さん

秋田・新政酒造
麹は蓋麹製法、木桶の数は38本。今後は秋田県産の杉で作った桶を増やし、全量を木桶仕込みにするために鶏養に木桶工房を設立予定。

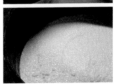

鳥取・山根酒造場
山根酒造場の生酛造の半切桶。生酛造りの酛すり(山卸)では、乳酸菌や酵母の助けが必要なため、木製の半切桶と櫂を使い有機的な空間で醸す。

島根・若林酒造
「開春 木桶仕込み木桶貯蔵酒」は純米酒を桶で熟成。囿山中酒の店(p.216)

広島・竹鶴酒造
昔の屋号「小笹屋竹鶴」は木桶仕込み。伝統を継承し酒の未来を拓く。

麹室 ［こうじむろ］

栃木・井上清吉商店
蔵元杜氏の井上裕史さん。「自分で設計した麹室です。特徴は超乾燥環境。後味の軽い酒を造るため、よく乾燥してハゼこんだ麹ができるよう天窓など工夫しました。結露するのが嫌なので航空機と同じ多重窓にしています」

中国・四国の酒

　中国・四国地方は、温暖で日照時間が長いため、酒米栽培に適した気候とされる。酒米で有名な雄町や八反錦などいろいろな品種が栽培される米どころが多い。財務省所管の独立行政法人・酒類総合研究所の所在地である広島は、明治時代に吟醸技術を生んだ土地であり、醸造技術は高く、透明感ある酒も多い。太平洋側は、淡麗辛口が主流。日本海側は濃醇系が多い。海と山の自然が豊かな土地柄ゆえに、蟹をはじめ魚介類の種類が多く、海の幸が豊富。また、茸や山菜など山の幸にも恵まれる。酒は、土地土地の力強い味の食材に合うような、食中酒が多い。

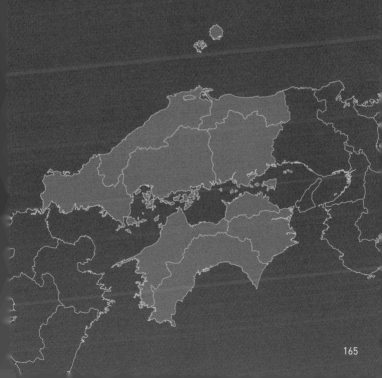

蔵元と杜氏も若桜で米を栽培、米作りから始まる酒造り

辨天娘 べんてんむすめ

鳥取県 有限会社太田酒造場
www.bentenmusume.com

　酒質をコントロールして、いかに目標とする味わいに近づけるかを競う蔵が多い中、その年々の米を完全に発酵させて造る酒がその年の酒という思想で、自然体の酒造りを行う。「こうでないとダメという酒質設計は持っていません」と蔵元。人間の都合ではなく、酵母の状態に合わせた酒造りだ。生産者ごとの単一品種・単一農家の仕込みで、ブレンドせず出荷する。仕込みタンクによって味わいが異なる。米の特性がよくわかる。「辨天娘 純米酒 玉栄」は若桜町の農事組合法人・糸白見の玉栄を使用。丸みある穏やかな酸があり、燗して映える切れの良さ。

定番の1本

飲んでいるうちに、
お腹がすいてくる定番酒

辨天娘 純米酒 玉栄

辛口　ミディアム　温度 60℃

◎ 麹米＆掛米：玉栄 75%
AL 15.0度
¥ 1,287円(720mℓ) 2,574円(1.8ℓ)

季節の1本（販売期間：12月〜4月）

米のうまみが弾ける炭酸入り薄にごり

辨天娘 純米 槽搾り
荒走り

やや辛口　ミディアムフル
温度 55℃

◎ 麹米＆掛米：五百万石 75% AL 19.0度
¥ 1,667円(720mℓ) 3,333円(1.8ℓ)

酒蔵おすすめの1本

杜氏の育てた酒米、酵母は無添加

辨天娘 純米酒
生酛 強力

辛口　フル　温度
60℃

◎ 麹米＆掛米：強力 75% AL 15.0度 ¥
1,713円(720mℓ) 3,426円(1.8ℓ)

蔵DATA　●創業年：1909年(明治四十二年)　●蔵元：太田章太郎 五代目　●杜氏：中島敬之　●住所：鳥取県八頭郡若桜町若桜1223-2

全量、鳥取県産米使用。
農薬不使用の強力も

日置桜 ひおきざくら
鳥取県　有限会社山根酒造場
www.hiokizakura.jp

　青谷町は1000年前から因州和紙の産地。清冽な水に恵まれた歴史ある山里だ。「醸は農なり」を提唱する日置桜の特徴は米。全量鳥取産、純米酒以上は特定農家の米を使用。窒素系肥料と農薬の使用を抑え、粗タンパク量を低く抑えた米で、農家ごとにタンクを分けて醸すシングル醸造。等外米の無添加普通酒や、生酛造りもあるが、どれも妥協なきまで完全発酵。定番の「日置桜 純米酒」は日本酒度が平均値＋13前後と辛口だが、米のエキス分が多いため甘みさえ感じる。60℃以上に燗すればうまみが冴え、名刀の如き切れ味に。

定番の1本
米のうまみが凝縮。酸味が
骨格支え、お燗でやわらぐ晩酌酒

日置桜 純米酒

辛口　ミディアムフル　温度 常温〜60℃

◎ 麹米＆掛米: 玉栄 70%
AL 15.5度
¥ 1,230円(720mℓ) 2,450円(1.8ℓ)

季節の1本（販売期間：4月〜8月）
夏の季語を酒名にした限定生酒

日置桜 山滴る

辛口　ミディアムフル
温度 5〜50℃

◎ 麹米: 山田錦 60%、掛米: 玉栄 60% AL
15.6度 ¥ 1,550円(720mℓ) 3,000円(1.8ℓ)

酒蔵おすすめの1本
米の力強さが深く響く生酛純米

日置桜 生酛強力
純米酒

辛口　フル
温度 50〜65℃

◎ 麹米＆掛米: 強力 70% AL 15.8度 ¥
1,650円(720mℓ) 3,300円(1.8ℓ)

蔵DATA　●創業年: 1887年（明治二十年）●蔵元: 山根正紀 五代目　●杜氏: 前田一洋・出雲流　●住所: 鳥取県鳥取市青谷町大坪249

スタンドバーと売店も併設し、
漁港と妖怪の街、境港を発信!

千代むすび

ちよむすび
鳥取県　千代むすび酒造株式会社
www.chiyomusubi.co.jp/

　鳥取県と島根県の県境にある漁港、境港市は松葉蟹、紅ズワイガニの水揚げ量日本一。妖怪の街としても知られ、妖怪が並ぶ水木しげるロードは観光客で賑わう。境港駅から徒歩1分のところに、1865年に創業した千代むすび酒造はある。スタンドバーとカフェ、売店も併設。楽しい「こなき純米」など妖怪シリーズ酒も。原料米は鳥取県産がメイン。特に、霊峰大山の麓で発見された強力に力を注ぎ、低温発酵させた活性おおにごり酒や吟醸酒を醸す。「地元米で醸した酒で、地魚を食べてもらい、港の観光につなげたい」と蔵元の岡空晴夫さん。

定番の1本
境港らしいラベルにくぎ付け！
口当たりはやわらか。熱燗で

千代むすび こなき純米
超辛口

辛口　ミディアムライト　温度 50℃

◎ 麹米＆掛米：五百万石55%
AL 16.0度
¥ 1,250円（720㎖）2,500円（1.8ℓ）

特別な1本
華やかで芳醇なスパークリング

awa酒
CHIYOMUSUBI
SORAH

甘口　フル　温度 10℃

◎ 麹米＆掛米：非公開　AL 12.0度　¥
2,250円（360㎖）4,000円（720㎖）

酒蔵おすすめの1本
強力のコクをにごりで堪能

千代むすび 純米吟醸
強力50 おおにごり

やや辛口　ミディアム
温度 40℃

◎ 麹米＆掛米：強力55%　AL 17.0度　¥
1,650円（720㎖）3,300円（1.8ℓ）

蔵DATA　●創業：1865年（慶応元年）●蔵元：岡空晴夫 五代目 ●杜氏：坪井真一 出雲杜氏 ●住所：鳥取県境港市大正町131

「フレー！」が由来の
縁起良く生まれた応援酒

冨玲　ふれー（フレー！フレー！）
鳥取県　梅津酒造有限会社
www.umetsu-sake.jp

「フレー！フレー！」のかけ声が酒名の由来、景気の良い応援酒だ。日本四名山の一つ霊峰大山の麓。仕込み水は大山山系の伏流水で、米と米麹だけで造る純米酒のみ醸す。搾りは全て昔ながらの槽搾り。醪をできるだけしっかり切らせ、熟成させてうまみを出す酒造りだ。生酛は発酵力が旺盛で「梅津の生酛／80」はアルコール度数が20度！　ガツン系ながら生酛由来の力強く厚い酸味と独特のうまみがたまらない。燗酒にすると豊かなコクが出て良い食中酒に。醪の発酵力の強さを生かして、アルコール度数20度の果実酒漬け専用純米酒「梅ちゃん」もある。

定番の1本
酸味と濃いうまみがしっかり調和。
杯が不思議と重なる個性酒

冨玲 生酛仕込
山田錦／60

辛口　フル　温度 55℃

◉ 麹米＆掛米：山田錦 60%
AL 15.0〜15.9度
¥ 1,650円（720㎖）3,300円（1.8ℓ）

季節の1本（販売期間：9月〜12月）
醪を笊で濾したうまみ豊かな酒

梅津の生酛
笊（ざる）

辛口　フル
温度　常温〜60℃

◉ 麹米＆掛米：鳥取県産米 60%　AL 20.0
〜21.0度 ¥ 2,090円（720㎖）4,180円（1.8ℓ）

酒蔵おすすめの1本
力強さ満点の厚みある80%

梅津の生酛／80

辛口　フル
温度　常温〜45℃

◉ 麹米＆掛米：山田錦 80%　AL 20.0
〜21.0度 ¥ 1,540円（720㎖）3,080円（1.8ℓ）

蔵DATA　●創業年：1865年（慶応元年）●蔵元：梅津史雅 六代目　●杜氏：梅津雅典・自然
流　●住所：鳥取県東伯郡北栄町大谷1350

清流日本一、高津川水系で仕込む
まろやか旨酒

扶桑鶴
ふそうづる
島根県　株式会社桑原酒場

　島根県の西端、益田を流れる高津川は、国土交通省の水質調査で何度も連続水質日本一に。水源は大蛇ケ池で、出雲でスサノオに討たれた八岐大蛇が逃げてきたと伝えられる歴史ある池だ。そんな日本一の水質で醸す扶桑鶴の酒は、水が同じ高津川の鮎の塩焼きやうるかなど、清らかで爽やかな苦みにもぴったりくる。酒質は柔らかでほどよい酸がコクを出してうまい。冷やも良いが、常温や燗もおすすめ。原料米には、島根県産酒造好適米の佐香錦、神の舞、五百万石を使用。「扶桑鶴 純米吟醸 佐香錦」は香りほんのりメロン系のまろやか美酒。

定番の1本
優しい口当たりと繊細なうまみの
食中酒。お燗でうまさ深まる

扶桑鶴 純米吟醸
佐香錦

やや辛口　ミディアムライト　温度 20〜45℃

麹米＆掛米: 佐香錦 55%
AL 15.0度
¥ 1,670円（720mℓ）3,340円（1.8ℓ）

酒蔵おすすめの1本
米由来の芳醇さと爽快さを併せ持つ

扶桑鶴 特別純米酒

やや辛口　ミディアムライト
温度 20〜50℃

麹米: 佐香錦 60%、掛米: 神の舞 60% AL
15.0度　¥ 1,450円（720mℓ）2,900円（1.8ℓ）

酒蔵おすすめの1本
きれいで濃密、贅沢な袋吊り搾り

扶桑鶴 純米大吟醸
斗瓶取り 万葉の心

やや辛口　ミディアムライト
温度 15〜40℃

麹米＆掛米: 山田錦 40% AL 16.0度
¥ 4,630円（720mℓ）9,260円（1.8ℓ）

蔵DATA　●創業年:1903年（明治三十六年）●蔵元:大畑朋彦 四代目 ●杜氏:寺井道則・石見流　●住所:島根県益田市中島町口171

世界遺産温泉港・温泉津で
生酛や木桶の伝統仕込み

開春

かいしゅん

島根県 若林酒造有限会社
www.kaishun.co.jp

　銀山と一緒に世界遺産に登録された温泉町の海際、温泉津町は石見銀山近くで銀の積み出し港だった。そんな古い歴史を持つ静かな温泉街に佇む開春は、酒造りも叙情性豊か。木桶仕込みや木桶貯蔵、酵母無添加の生酛仕込みなど、伝統製法の造りを重視。「開春 西田」は地元西田地区産の酒米を活かし、酵母無添加蔵付き酵母で仕込む酒、ボディ太く滋味豊かな酸と切れがある。発泡生酒はドライで食事向き。また江戸時代の文献の配合で醸した「寛文の雫」は山田錦90％精米の生酛仕込み。日本酒度−80度、酸度4.5と今の酒では味わえない面白さ。

定番の1本
なめらかな口当たりと、気骨ある
酸味が輪郭を支える辛口酒

開春 純米超辛口

辛口 ミディアムライト 温度 5〜60℃

◉ 麹米：山田錦60%、掛米：神の舞60%
AL 15.0度
¥ 1,273円(720㎖) 2,545円(1.8ℓ)

季節の1本（販売期間：6月〜）
島根の新酒米「縁の舞」の夏酒

縁（えにし）の開春

やや辛口 ミディアムライト
温度 0〜5℃

◉ 麹米＆掛米：縁の舞60% AL 15.0度
¥ 1,455円(720㎖) 2,864円(1.8ℓ)

酒蔵おすすめの1本
米のうまみ、酸味、渋みが調和

開春 西田
純米生酛仕込

普通 ミディアムフル 温度
50℃

◉ 麹米＆掛米：山田錦60% AL 17.0度
¥ 1,455円(720㎖) 2,864円(1.8ℓ)

蔵DATA
●創業年：1869年(明治二年) ●蔵元：若林邦宏 七代目 ●杜氏：山口竜馬・石見
流 ●住所：島根県大田市温泉津町小浜口73

171

燗酒に向く飲み応えある出雲の個性酒。
一タンク一農家の米で醸す

十旭日

じゅうじあさひ
島根県　旭日酒造有限会社
www.jujiasahi.co.jp

　縁結びで名高い出雲大社の玄関駅、出雲市駅すぐの商店街アーケードに立つ旭日酒造。酒が並ぶ売店の奥が、大正15年に建てられた土壁の酒蔵だ。酒米は地元出雲産が中心で、基本は一タンク一農家の米で醸す。仕込み量がばらついて非合理的だが「感動した農家さんの米の酒造りは、特徴ある酒になる」と蔵娘で副杜氏の寺田栄里子さん。米の個性が、明確に表れた個性酒は、カレーやスパイシーな中国料理にも良く合う。生酛や定番酒、生酒あり、熟成酒もありと小さい蔵ながらバリエーションが豊富。「好奇心をくすぐる酒を醸していきたい」。

定番の1本
元気な蔵付酵母で発酵。
伸びやかで味わい深い改良雄町

きもと純米 十旭日
改良雄町70

辛口　ミディアム　温度 60℃

◉ 麹米＆掛米：改良雄町 70%
AL 14.0度
¥ 1,500円(720mℓ) 2,900円(1.8ℓ)

季節の1本 (販売期間:6月〜8月)
暑い季節に涼やかな口当たり

純米吟醸 十旭日
夏仕立て

やや辛口　ミディアム
温度 5〜40℃

◉ 麹米＆掛米：佐香錦 55% AL 15.0度
¥ 1,600円(720mℓ) 3,100円(1.8ℓ)

酒蔵おすすめの1本
無農薬栽培米を酵母無添加で

きもと純米 十旭日
御幡の元気米

辛口　ミディアム
温度 40〜60℃

◉ 麹米＆掛米：改良雄町 70% AL 14.0度
¥ 1,700円(720mℓ) 3,400円(1.8ℓ)

蔵DATA　●創業年：1869年(明治二年) ●蔵元：佐藤誠一 十代目 ●杜氏：寺田幸一・出雲流 ●住所：島根県出雲市今市町662

コクあり切れあり、
心穏やかになる出雲の地酒

天穏 てんおん

島根県 板倉酒造有限会社
www.tenon.jp

　八岐大蛇を退治した伝説で、神話時代から酒が伝わる出雲地方。出雲の地力と自然環境を生かした酒を追求するのが、1871年創業の板倉酒造。酒名は仏典の「無窮天穏」から命名し、飲んで穏やかになる酒という。「酒の原初は神への感謝の捧げ物。その後、滋養強壮や生命力の象徴を経て、嗜好品へと変化しました」と杜氏の小島達也さん。地元の米で、出雲大社の北、猿田彦をまつる鼻高山の中硬水の伏流水で仕込む。麹は箱麹で3日かけ、生酛造りも好評。すっと涼やかになじんで余韻が長く、コクあり切れあり、冷やも燗も新酒も熟成もうまい。

定番の1本

出雲杜氏伝統の山陰吟醸造りで醸す、穏やかで優しい味わい

天穏 純米酒

`やや辛口` `ミディアム` `温度` 15〜60℃

◎ 麹米＆掛米：鳥取県産酒造好適米 60%
`AL` 15.0度
¥ 1,300円（720㎖）2,500円（1.8ℓ）

季節の1本（販売期間：4月〜5月）

70%の生酛は奥行きのある味

天穏 生酛純米
生原酒

`辛口` `フル`
`温度` 5〜15℃

◎ 麹米＆掛米：改良雄町 70%　`AL` 18.0度
¥ 1,650円（720㎖）3,200円（1.8ℓ）

酒蔵おすすめの1本

山陰吟醸、三日麹の清らかさ

無窮天穏
齋香—さけ—

`やや辛口` `ミディアム`
`温度` 5〜60℃

◎ 麹米＆掛米：佐香錦 60%　`AL` 15.0度
¥ 2,000円（720㎖）4,000円（1.8ℓ）

蔵DATA

●創業年：1871年（明治四年）●蔵元：板倉啓治 六代目 ●杜氏：小島達也 出雲流 ●住所：島根県出雲市塩冶町468

幻の酒米「雄町米」を
復活させた蔵

酒一筋
赤磐雄町

さけひとすじ
あかいわおまち

岡山県 利守酒造株式会社 www.sakehitosuji.co.jp

　一世を風靡しながら、幻となっていた酒米雄町を復活させたのが「酒一筋」を造る蔵、利守酒造。雄町は原生種で、山田錦や五百万石の親系統にあたり、現在の酒米の3分の2は雄町の子孫になる。一時は鑑評会上位を独占したほど酒造適性に優れた米でありながら、栽培の難しさから昭和40年代には作付面積が6haまで落ち込んだ。その雄町の栽培に最も適した蔵がある軽部で広く栽培したのが雄町米である。その雄町米で醸した「赤磐雄町」は、米の個性が出て、うまみある濃醇な味わい。冷やでも燗でも楽しめる、絶好の雄町入門酒。

定番の1本
雄町のうまみがわかる冷やよし、燗よし。備前の酒器ならまた最高

赤磐雄町 純米大吟醸

やや辛口 | ミディアムフル | 温度 10〜15℃

麹米＆掛米：軽部産雄町 40%
AL 15度
¥ 3,000円（720mℓ）5,000円（1.8ℓ）

季節の1本（販売期間：9月〜10月）
秋がうまい！無濾過原酒

酒一筋 純米 秋あがり

やや辛口 | ミディアムフル
温度 10〜45℃

麹米＆掛米：アケボノ 70%　AL 17.0度
¥ 1,190円（720mℓ）2,380円（1.8ℓ）

酒蔵おすすめの1本
雄町米の真髄がわかる良酒

酒一筋 純米吟醸 金麗

やや辛口 | ミディアムフル
温度 10〜40℃

麹米＆掛米：雄町米 56%　AL 15.0度
¥ 1,500円（720mℓ）3,000円（1.8ℓ）

蔵DATA　●創業年：1868年（慶応四年）●蔵元：利守忠義 四代目 ●杜氏：田村豊和・但馬流 ●住所：岡山県赤磐市西軽部762-1

生酛以前の菩提酛を現代風にアレンジ、新ブランド「1859」

御前酒
ごぜんしゅ
岡山県 株式会社辻本店
www.gozenshu.co.jp

　新ブランド「1859」は雄町米がこの世に生まれた年を表す数字。御前酒では全ての酒造りを地元岡山県産の雄町米で醸す「全量雄町化」に向けて舵を切った。そんな蔵の想いをのせた新たな定番酒が「1859」だ。また全国に先駆けて復古した菩提酛造りで醸しており、生酛より古い製法で、蔵付の天然乳酸菌を取り込む「そやし水」と呼ばれる乳酸水で酒母を仕込むことが特徴。雄町米×菩提酛で醸される酒は複雑かつナチュラル、濃醇なうまみと酸味がバランスよく調和する。蔵は情緒溢れる町並み保存地区にあり、レストランとカフェ、直営ショップを併設。

定番の1本
雄町の濃醇なうまみと菩提酛の
酸味がバランス良く調和

御前酒 1859

`やや辛口` `ミディアムフル` `温度` 10〜43℃

◎ 麹米＆掛米：雄町 65%
AL 16.0度
¥ 1,400円(720mℓ) 2,800円(1.8ℓ)

季節の1本（販売期間：12月〜）
フレッシュなガスを感じる中取り生原酒

御前酒 1859 生

`やや辛口` `ミディアムフル`
`温度` 10℃

◎ 麹米＆掛米：雄町 65% AL 16.0度
¥ 1,400円(720mℓ) 2,800円(1.8ℓ)

酒蔵おすすめの1本
甘酸っぱい味わいは大人のカルピス

御前酒 菩提酛
にごり火入れ

`やや甘口` `ミディアムフル`
`温度` 10〜38℃

◎ 麹米＆掛米：雄町 65% AL 17.0度
¥ 1,350円(720mℓ) 2,700円(1.8ℓ)

蔵DATA ●創業年：1804年(文化元年) ●蔵元：辻 総一郎 七代目 ●杜氏：辻 麻衣子・備中流 ●住所：岡山県真庭市勝山116

平均精米歩合54%、
県内一の精米比率を誇る吟醸蔵

雨後の月

うごのつき
広島県 相原酒造株式会社
www.ugonotsuki.com

「雨後の月」は徳富蘆花の作品から、雨後の月が周りを明るく照らす、澄み切った酒のイメージで命名された。普通酒の比率は5％以下で、特定名称酒が大多数を占め、平均精米歩合54％は県内トップクラス。「純米吟醸 雨後の月」は伝統的な純米吟醸らしく、香り華やかで、味わいは上品で美しく透明感がある。最初のアタックはシャープできれいだが、うまみの余韻が続き、飲み続けると味わいがふくらむ。兵庫県特A地区の山田錦と、岡山県赤磐・赤坂の雄町、広島県産の八反錦、八反、千本錦を中心に使っている。麹米は雄町か山田錦が基本。

定番の1本
酒質のため冷蔵庫で上槽。
透明感ある爽やか純吟

純米吟醸 雨後の月
山田錦

やや辛口　ミディアムライト　温度 10℃

麹米：山田錦 50%、掛米：山田錦 55%
AL 16度
¥ 3,000円(1.8ℓ)

季節の1本 (販売期間：7月〜)
白桃とブドウの香りと甘み

純米大吟醸
雨後の月 愛山

やや辛口　ミディアムライト
温度 5〜15℃

麹米＆掛米：愛山 50%　AL 16度
¥ 2,250円(720mℓ) 4,500円(1.8ℓ)

酒蔵おすすめの1本
スルスル飲める13度

特別純米
雨後の月 山田錦

普通　ライト
温度 5〜20℃

麹米＆掛米：山田錦 60%　AL 13度
¥ 1,270円(720mℓ) 2,540円(1.8ℓ)

蔵DATA　●創業年：1875年(明治八年)　●蔵元：相原準一郎 四代目　●杜氏：堀本敦志・安芸津(広島)流　●住所：広島県呉市仁方本町1-25-15

老舗蔵が大切にする
伝統醸造製法の純米酒

竹鶴
たけつる
広島県　竹鶴酒造株式会社

　安芸の小京都と呼ばれる竹原の町並み保存地区で1733年に創業した竹鶴酒造。蔵元の竹鶴敏夫さんで十四代という老舗蔵だ。竹原地区は江戸時代、製塩や酒造で栄えたが、竹鶴家も「小笹屋」の屋号で製塩業を営み、冬の稼業として酒造業を開始した。生酛や木桶など伝統醸造製法を重んじ、醸造アルコールは一切添加しない全量純米蔵だ。酒造りで大切にしているのは食を楽しむための酒。瀬戸内海の海の幸、穴子やエビ、タコなどのうまみに合うのはうまみと切れの良い酒。熟成酒や燗酒を推奨するのも、そのうまみと切れをとことん楽しむためだ。

定番の1本
心になじみ、体になじみ、
食卓になじむ、明日への活力源

清酒竹鶴 純米

辛口～普通　ミディアム～フル
温度 極熱燗～燗冷まし

◎ 麹米：八反錦 70%、掛米：一般米 65%
AL 15.6度
¥ 1,200円(720㎖) 2,400円(1.8ℓ)

季節の1本 (販売期間：10月～4月)
完全発酵を目指すゆえの生酛造り

小笹屋竹鶴
生酛純米原酒

辛口～やや甘口
ミディアム～フル　温度 熱燗

◎ 麹米＆掛米：雄町 70%　AL 18～20度
¥ 2,750円(720㎖) 5,500円(1.8ℓ)

酒蔵おすすめの1本
日本酒というジャンルを超えた酒

清酒竹鶴 雄町純米
"酸味一体"

辛口～やや辛口
ミディアム～フル　温度 熱燗

◎ 麹米＆掛米：雄町 70%　AL 15.6度
¥ 3,000円(1.8ℓ)

蔵DATA
●創業年：1733年(享保十八年) ●蔵元：竹鶴敏夫 十四代目 ●杜氏：藤原泰正・広島流 ●住所：広島県竹原市本町3-10-29

鉄の名を持つ蔵元杜氏が
広島の八反錦で醸す呉の酒

宝剣
ほうけん
広島県　宝剣酒造株式会社

　戦艦大和を建造した海軍工廠跡地に立つ呉製鉄所。国内最大手を誇り、呉は鉄の町と呼ばれた。その呉で鉄の名を持つ蔵元杜氏が宝剣酒造の土井鉄也さんだ。通称「呉の土井鉄」で「一滴入魂」が信条。鑑評会で常に上位入賞に名を連ねる。酒米は地元の広島県産八反錦に注力し、きりっとシャープな骨格ある味に醸す。流行に迷わされず、自分がうまいと思う味を追求。甑、搾り機、洗瓶機を改良し、仕込み蔵を冷蔵庫化するなど大胆な改革を行ってきた。「わずかな違いを見抜くのは、強い思い」と鉄也さん。進化し続ける名杜氏の酒だ

定番の1本
蔵内の湧き水で仕込む
うまみ、香りが調和した超辛口

宝剣 純米酒 超辛口

辛口　ミディアム　温度 5℃

◎ 麹米＆掛米：八反錦 60%
AL 15.0度
¥ 1,250円(720㎖) 2,500円(1.8ℓ)

季節の1本（販売期間：6月中旬〜）
きりっと冷やして夏の1杯目に

宝剣 涼香
純米吟醸

辛口　ミディアム
温度 5℃

◎ 麹米＆掛米：八反錦 55%　AL 14.0度
¥ 1,600円(720㎖) 3,200円(1.8ℓ)

酒蔵おすすめの1本
柔らかい香りとうまみの限定酒

宝剣 純米大吟醸
中汲み

辛口　ミディアム
温度 5℃

◎ 麹米＆掛米：山田錦 40%　AL 15.0度
¥ 2,500円(720㎖) 5,000円(1.8ℓ)

蔵DATA　●創業年：1871年(明治四年)　●蔵元：土井鉄也 七代目　●杜氏：土井鉄也　●住所：広島県呉市仁方本町1-11-2

神様からの伏流水、美田の酒米、杜氏の三つの和で醸す酒

美和桜

みわさくら
広島県　美和桜酒造有限会社
miwasakura.co.jp/

　広島県の中央部、三次市三和町は県内でも上位の酒米産地で、県を代表する八反錦の生まれ故郷だ。この町唯一の酒蔵が美和桜酒造。蔵元も先祖代々からの田んぼで八反錦と八反35号を栽培する。原料米はほぼ町内産で、仕込み水は聖なる山といわれる大土山の伏流水だ。頂上には巨石が点在し、大きな岩が天照大神としてまつられる。岩が多いため、水はミネラル分を適度に含み、奥行きのある酒の味に仕上がる。全国新酒鑑評会では金賞受賞の常連で、華麗な大吟醸から、ふくよかなうまみがある燗酒向きの純米酒まで、さまざまな酒が揃う実力蔵だ。

定番の1本
米作りから手がける蔵元が醸す豊かな熟成感のある酒

美和桜 純米酒

やや辛口　ミディアム　温度 30〜50℃

米＆掛米：八反錦 70%

AL 15.3度

￥ 1,000円（720㎖）2,300円（1.8ℓ）

季節の1本（販売期間：9〜11月）
豊かで爽やかな秋の食中酒

**美和桜 特別純米酒
秋あがり**

やや辛口　ライト
温度 20〜40℃

麹米＆掛米：雄町 60%　AL 16.3度　￥
1,300円（720㎖）2,600円（1.8ℓ）

酒蔵おすすめの1本
うまみとコク深い低温発酵原酒

美和桜 純米大吟醸酒

やや辛口　ミディアム
温度 5〜15℃

麹米＆掛米：八反35号 50%　AL 16.5
度　￥ 2,000円（720㎖）4,000円（1.8ℓ）

蔵DATA
●創業年：1923年（大正十二年）●蔵元：坂田賀昭 四代目 ●杜氏：金尾恵弘 広島安芸津流 ●住所：広島県三次市三和町下板木262

瀬戸内産米100%使用、
賀茂を代表する金賞の秀でた酒

賀茂金秀
かもきんしゅう

広島県　金光酒造合資会社
www.kamokin.com/

　晴天率が高く温暖な瀬戸内気候の賀茂台地の黒瀬町に立つ金光酒造。黒瀬川の伏流水に恵まれ、敷地内の深さ10mの浅井戸の水は中硬水で、とろみのある酒の余韻を造る。蔵は明治初期の創業で、桁行39mと長大な2階建て土蔵の貯蔵蔵と仕込み蔵は国の登録有形文化財に指定される。酒造りに使う米は広島が8割、他は岡山、兵庫県産。全て瀬戸内産で地の味を追求。蔵元杜氏の金光秀起さんは「七転び八起きの酒造り」と笑うが、新酒鑑評会5年連続金賞、広島県清酒品評会で首席など優秀な成績を誇る。13%の低アルコール酒など挑戦を続ける。

定番の1本
フレッシュでしっかりした味わいは
蔵元入魂の1本

賀茂金秀 特別純米

`やや辛口` `ミディアム` `温度` 10〜50℃

- 麹米：赤磐雄町 50%、掛米：八反錦 60%
- `AL` 16.0度
- ￥ 1,380円(720mℓ) 2,560円(1.8ℓ)

季節の1本 （販売期間：5月中旬〜）
米のうまみと切れ良い辛口夏酒

賀茂金秀
辛口夏純米

`辛口` `ライト`
`温度` 10℃前後

- 麹米＆掛米：八反錦 60% `AL` 15.0度
- ￥ 1,350円(720mℓ) 2,500円(1.8ℓ)

酒蔵おすすめの1本
特上酒米で造るプレミアム酒

賀茂金秀 純米
大吟醸35

`やや甘口` `ミディアムライト`
`温度` 10℃前後

- 麹米＆掛米：山田錦 35% `AL` 16.0度
- ￥ 6,000円(720mℓ) 10,000円(1.8ℓ)

蔵DATA　●創業年：1880年(明治十三年) ●蔵元：金光秀起 五代目 ●杜氏：金光秀起 ●
　　　　住所：広島県東広島市黒瀬町乃美尾1364-2

「龍勢」に「夜の帝王」と 勇ましい酒銘がついた旨酒

龍勢
夜の帝王

りゅうせい
よるのていおう

広島県　藤井酒造株式会社　www.fujiishuzou.com

　明治40年に行われた記念すべき第1回清酒品評会、優等1位酒に選ばれたのが「龍勢」。現在の全国新酒鑑評会にあたり、当時は上位に順位付けがあった。第1回当時の上位入賞酒で今でも吟醸酒を造り続けている蔵はほとんどない。100年以上前から、高いクオリティで酒造りを続けているのが藤井酒造なのだ。当時は広島タイプの吟醸酒での受賞だったが、近年は食中酒も増え、全量が純米酒造りというこだわりようだ。さらに伝統製法の生酛造りにシフト中。良質の原料米と丁寧な手仕事で「食の個性を引き立てる酒」を目指す。

定番の1本
まずは冷や、そしてお燗がよし。温度変化も楽しい龍勢

龍勢
生酛八反陸拾
（ろくじゅう）

辛口　ミディアムフル　温度　10℃、20℃、45℃

麹米＆掛米：八反35号 60%　AL 16.0度　¥ 1,620円（720㎖） 3,240円（1.8ℓ）

季節の1本（販売期間：12月〜2月）
高アルコールなのに甘口

夜の帝王
Forever

甘口　フル
温度　10℃、45℃

麹米＆掛米：山田錦 60%　AL 20.0度
¥ 1,800円（720㎖） 3,200円（1.8ℓ）

酒蔵おすすめの1本
杜氏の経験と技が光る限定品

龍勢 別格品
生酛純米大吟醸

辛口　フル　温度
15℃、45℃

麹米＆掛米：山田錦 40%　AL 17.0度
¥ 5,000円（720㎖） 10,000円（1.8ℓ）

蔵DATA　●創業年：1863年（文久三年）　●蔵元：藤井善文 五代目　●杜氏：藤井雅夫・自社流　●住所：広島県竹原市本町3-4-14

稀少な酒米・八反草で醸す、女性杜氏の「百試千改」

富久長

ふくちょう
広島県　株式会社今田酒造本店
www.fukucho.info

「百試千改」吟醸酒造りの父、三浦仙三郎の教えを、100年経っても守り続ける今田酒造本店。名杜氏を輩出した広島杜氏の郷。口当たりのやわらかさときれいな香り。小味のきいた上品な味わい。吟醸造りに徹した酵母由来のフレッシュな香りで、華やか系とすっきり系2種類の酵母を使い分ける。広島県産の酒米は八反錦が有名だが、その祖先である八反草を契約農家と連携して復活させた。「富久長 純米大吟醸 八反草40」は、貴重な米を贅沢に磨き、うまみを抱えながらもすっきりと料理に寄り添う酒に仕上げた。切れの良さは「八反草」の個性の表れ。

定番の1本
山田錦の厚みある味わいと包み込まれる豊かな香り

富久長 純米吟醸 山田錦

普通　ミディアムフル　温度 10℃

◎ 麹米：山田錦 50%、掛米：山田錦 60%
AL 16.5度
¥ 1,600円(720㎖) 3,200円(1.8ℓ)

季節の1本 (販売期間：8月半ば〜)
20年以上にわたるロングセラー

富久長 ひやおろし純米吟醸 秋櫻(こすもす)

やや辛口　ミディアム　温度 15℃

◎ 八反錦他。麹米：50%、掛米：60% AL 16.3度 ¥ 1,400円(720㎖) 2,700円(1.8ℓ)

酒蔵おすすめの1本
八反草を40%まで磨いた大吟醸酒

富久長 純米大吟醸 八反草40

普通　ミディアムライト　温度 12℃

◎ 麹米＆掛米：八反草 40% AL 16.5度 ¥ 3,000円(720㎖) 6,000円(1.8ℓ)

蔵DATA ●創業年：1868年(明治元年) ●蔵元：今田美穂 四代目 ●杜氏：今田美穂・広島流 ●住所：広島県東広島市安芸津町三津3734

その名もずばり蔵元杜氏の名をつけた「貴」は、テロワールとペアリングが楽しめる酒

貴 たか

山口県　株式会社永山本家酒造場
www.domainetaka.com/

　秋芳洞で有名な山口県秋吉台のカルスト台地は、日本では珍しい石灰質土壌。日本では少数派の中硬水仕込みである。「甘みがあり輪郭しっかり、水の特徴を移し込む酒」と蔵元。本州西端に近い蔵でもあり、山田錦、雄町、八反錦の瀬戸内気候で取れる酒米だけで仕込む。レベルが高い西日本の酒米の力を生かす酒造りだ。「貴」ブランド立ち上げ当初から、ブレずに食中酒を目指し、料理とのペアリングも研究してきた。「特別純米 貴」は、冷酒からぬる燗まで楽しめる。広島県産八反錦のキリッとスマートな味を、麹米の山田錦でふくらませボリューム感を加えている。

定番の1本
最高の農家の米で醸した特純。
高品質ワインに匹敵との声あり

特別純米 貴

| やや辛口 | ミディアムライト | 温度 | 15℃ |

🍶 麹米：山田錦 60%、掛米：八反錦 60%
AL 15.5度
¥ 1,250円（720㎖）2,500円（1.8ℓ）

季節の1本（販売期間：10月〜11月）
秋の味覚に合わせた旨口酒

特別純米
ふかまり貴

| やや辛口 | ミディアム |
| 温度 | 15℃ |

🍶 麹米＆掛米：山田錦 60%　AL 15.5度
¥ 1,400円（720㎖）2,800円（1.8ℓ）

酒蔵おすすめの1本
ワイン愛好家にも高評価の雄町

純米吟醸 雄町
貴

| やや辛口 | ミディアムフル |
| 温度 | 15℃ |

🍶 麹米＆掛米：雄町 50%　AL 16.5度　¥
1,750円（720㎖）3,500円（1.8ℓ）

蔵DATA　●創業年：1888年（明治二十一年）●蔵元：永山貴博 五代目 ●杜氏：永山貴博・山口大津流 ●住所：山口県宇部市大字車地138

23%精米、遠心分離。
世界を目指す山奥の人気蔵

獺祭
だっさい
山口県 旭酒造株式会社
www.asahishuzo.ne.jp

　山口県の山奥の小さな町獺越から、世界発信する純米大吟醸の蔵。酒米の王様・山田錦を使い、醸造用アルコールは添加せず、精米歩合45%以下の純米大吟醸「獺祭」のみを醸す。1990年に業界初の23%精米に挑戦し、蔵のフラッグシップに。

　米洗いは15kgずつの少量単位、温度は0.1℃単位で管理と徹底。搾りは遠心分離機とヤブタを使い分ける。山田錦由来のふくらみあるうまみ、ピュアな酸味、上品な甘みにクリアー感が調和。日本酒嫌いの人の心まで鷲掴みに。瓶内二次発酵のスパークリングに「新生獺祭」、麹仕立ての甘酒も人気。

定番の1本
進化し続ける旭酒造の全ての技術が注ぎ込まれる23%

獺祭純米大吟醸
磨き二割三分

`普通` `ミディアムフル` `温度` 10℃

◉ 麹米＆掛米：山田錦 23%
`AL` 16度
¥ 4,900円(720㎖) 9,800円(1.8ℓ)

特別な1本
透明感ある華やか45%

獺祭
純米大吟醸45

`普通` `ミディアムフル`
`温度` 10℃

◉ 麹米＆掛米：山田錦 45% `AL` 16度
¥ 1,500円(720㎖) 3,000円(1.8ℓ)

酒蔵おすすめの1本
磨きを超える味を問う酒

獺祭
磨き その先へ

`普通` `ミディアムフル`
`温度` 10℃

◉ 麹米＆掛米：山田錦 歩合非公開
`AL` 16度 ¥ 30,000円(720㎖)

蔵DATA ●創業年：1948年(昭和二十三年) ●蔵元：桜井一宏 四代目 ●杜氏：西田英隆・旭酒造流 ●住所：山口県岩国市周東町獺越2167-4

旭酒造にとって酒造りとは

── 旭酒造・会長　桜井博志 ──

　山田錦・純米大吟醸、獺祭の代名詞のようにいわれます。しかし、造っている当人にその気はありません。これらは全て手段にしかすぎないと考えています。酒は人生に彩りと潤いを与えるもの。だからおいしくなければ何の価値もない。そのための道具としての山田錦であり、純米大吟醸なのです。

　だから「獺祭」という一つの方向性を持つ一つのブランドしか造りません。そしてそんな思いで造った「獺祭」はわかる人に楽しんでもらいたい。手に入る一番良い材料で一番良い酒を造り、それをわかっていただけるお客様にお届けしたい。山口の山奥から国境の垣根も越えて世界へ。「地産地消」は念頭にありません。私たちにとって酒造りは、いかに社会に幸せをお届けできるかの道具なのです。

米、酵母、造りを使い分けて醸し、酒と料理を楽しむ

悦凱陣

よろこびがいじん

香川県　有限会社丸尾本店

　米違いが楽しい。基本は地元オオセトの純米酒で「うちのベースライン」と蔵元。「独特の味がする」とも。それ以外は「いろんな地方でいい米を探しては仕込む」のがモットー。米の個性が生きるよう、産地別の仕込みで、1つの米は1タンク。それが悦凱陣流だ。その米のバラエティは見事で、山田錦だけで3地域。雄町は讃州と赤磐。亀の尾は遠野と花巻、黒澤。広島の八反錦、兵庫の神力も使う。そして酵母を変え、速醸と山廃、造りを変え、味の違いを楽しむ。どれも共通するのは、酸とコクと切れがしっかりある味で、日本酒度が辛口でも甘みを感じる。

定番の1本
香川産オオセト仕込み。太い酸と濃いうまみの饗宴を楽しむ

悦凱陣 純米酒

やや辛口　ミディアムフル　温度 常温

◉ 麹米＆掛米：オオセト 55%
AL 15度
¥ 1,510円（720mℓ）2,800円（1.8ℓ）

酒蔵おすすめの1本
カレーにも合う地元雄町の生酒

悦凱陣 純米酒
山廃讃州雄町
無ろ過生

やや辛口　フル　温度 常温

◉ 麹米＆掛米：讃州雄町 65%　AL 18.6度
¥ 1,800円（720mℓ）3,400円（1.8ℓ）

酒蔵おすすめの1本
赤磐雄町の底力がわかる酒

悦凱陣 純米吟醸
赤磐雄町
無ろ過生

普通　ミディアムフル　温度 常温

◉ 麹米＆掛米：赤磐雄町 50%　AL 18.4度
¥ 2,850円（720mℓ）5,700円（1.8ℓ）

蔵DATA　●創業年：1885年（明治十八年）●蔵元：丸尾忠興 四代目 ●杜氏：なし ●住所：香川県仲多度郡琴平町榎井93

淡泊な瀬戸内の白身魚に合わせたい、清涼感ある味

石鎚 いしづち

愛媛県　石鎚酒造株式会社
www.ishizuchi.co.jp

　蔵元家族を中心に、釜屋、酛屋、麹屋と分析担当を役割分担して、酒を造っている。身内同士、息の合った酒造りだ。石鎚山は、日本七霊山の一つで、西日本最高峰。仕込み水は、蔵内に湧き出る石鎚山系のなめらかな伏流水。酒造りに非常に向いていると定評がある。淡白な味わいの食文化に合わせた酒造りで「穏やかな瀬戸内海で水揚げされる真鯛、白身魚、鯵に合わせたい」と蔵元。純米酒、純米吟醸酒を中心に、なめらかで優しい。決してハズレのない酒である。「片口の酒器を使い、酒を空気に触れさせることによって、お酒がより良く変化します」と蔵元。

定番の1本
奥深い米味がシルキーでジューシー、
蔵元イチ押しの1本

石鎚 純米吟醸 緑ラベル

辛口　ミディアムライト　温度 5〜55℃

◉ 麹米：山田錦 50%、掛米：松山三井 60%
AL 16度
¥ 1,350円(720mℓ)　2,700円(1.8ℓ)

季節の1本 (販売期間:9月〜11月)
味のり抜群！秋の辛口純米酒

石鎚 特別純米
ひやおろし

辛口　ミディアム
温度 5〜55℃

◉ 麹米：雄町 60%、掛米：松山三井 60%
AL 16度　¥ 1,350 円(720mℓ) 2,700円(1.8ℓ)

酒蔵おすすめの1本
丁寧に醸した蔵元自信作

石鎚 純米大吟醸

やや辛口　ミディアムフル
温度 5〜10℃

◉ 麹米：山田錦 50%、掛米：松山三井 60%
AL 17度　¥ 1,750円(720mℓ) 3,500円(1.8ℓ)

蔵DATA ●創業年：1920年(大正九年) ●蔵元：越智 浩 四代目 ●杜氏：越智 稔(製造部長) ●住所：愛媛県西条市氷見丙402-3

柑橘系の香りが特徴、愛媛の米と酵母にこだわった酒

伊予賀儀屋

いよかぎや

愛媛県 成龍酒造株式会社
www.seiryosyuzo.com

　愛媛の風土のもと、愛媛の酒米を、愛媛酵母を使って醸す、愛媛ブランド。東に瀬戸内海を望む、風光明媚な土地。自噴水「うちぬき水」があちこちで湧き出る水の都である。新鮮な魚介類をはじめ、野菜や果物など、旬の食材に囲まれた食の宝庫。定番酒「伊予賀儀屋 無濾過純米赤ラベル」の原料米は、愛媛県産松山三井が主力米である。松山三井を品種改良した愛媛初の酒米、しずく媛も併用。愛媛酵母EK-1を使った醸造で、立ち香は極力抑え、含み香と味のバランスを考えた心地よい柑橘系の香り。

定番の1本
米のうまみは残しつつ重さを抑え
軽快でうまみある無濾過酒

伊予賀儀屋 無濾過
純米赤ラベル 瓶火入

`やや辛口` `ミディアムライト` `温度` 10〜40℃

◎ 麹米＆掛米：松山三井 60%
`AL` 14.5度
¥ 1,250円(720mℓ) 2,500円(1.8ℓ)

季節の1本 （販売期間：3月〜）
年に一回だけの賀儀屋の赤ちゃん

伊予賀儀屋 無濾過
純米生原酒 限定選抜

`やや辛口` `ミディアム`
`温度` 5〜20℃

◎ 麹米＆掛米：松山三井 60% `AL` 17.5度
¥ 1,375円(720mℓ) 2,750円(1.8ℓ)

酒蔵おすすめの1本
優しい味わいの食中大吟醸

伊予賀儀屋 無濾過
純米大吟醸しずく媛

`やや辛口` `ミディアム`
`温度` 5〜40℃

◎ 麹米＆掛米：しずく媛 45% `AL` 16.5度
¥ 1,825円(720mℓ) 3,650円(1.8ℓ)

蔵DATA　●創業年：1877年(明治十年) ●蔵元：首藤 洋 六代目 ●杜氏：織田和明・自社流
●住所：愛媛県西条市周布1301-1

文佳人

少量仕込みと丁寧な槽搾り！
フレッシュでみずみずしい土佐山田の美酒

ぶんかじん
高知県　株式会社アリサワ

　高知に彗星のごとく現れた酒造りの名手、文佳人醸造元のアリサワ五代目の有澤浩輔さん。文佳人とは教養ある美人を意味する言葉という。物部川の伏流水を仕込み水に、フレッシュで清涼感ある果実のような酒を醸し、全国新酒鑑評会など様々な大会で高評価。背景にあるのは浩輔さんの頑固なまでの酒造り。酒米の吟の夢、山田錦、雄町を使い、少量仕込みを徹底。槽搾りで上槽後、すぐ隣のサーマルタンクに入れて－5℃で保管。おり下げ後に瓶詰めし、デリケートな火入れ作業は、妻の綾さんが担当。全ての工程を丁寧に熱く醸した美酒。

定番の1本　香りみずみずしく切れ良い辛口は冷やでも、お燗でも

文佳人
辛口純米

辛口　ミディアムライト　温度 10℃以下、55℃くらい

麹米＆掛米：松山三井55%　AL 16.5度　¥ 1,200円(720mℓ) 2,400円(1.8ℓ)

季節の1本（販売期間：5月～8月）
よく冷やして！ロックでも

文佳人
夏純吟

やや甘口　ミディアム　温度 10℃以下

麹米＆掛米：使用米非公開 50%　AL 16.5度　¥ 1,400円(720mℓ) 2,800円(1.8ℓ)

酒蔵おすすめの1本
"精読者"のように深く味わって

文佳人
リズール
純米吟醸

普通　ミディアム　温度 10℃以下

麹米＆掛米：使用米非公開 50%　AL 16.5度　¥ 1,450円(720mℓ) 2,900円(1.8ℓ)

蔵DATA
●創業年：1877年(明治十年)　●蔵元：有澤浩輔 五代目　●杜氏：有澤浩輔 土佐流　●住所：高知県香美市土佐山田町西本町1-4-1

新しい蔵で醸すハイエンドの酒。
創業した祖父の思いを引き継ぐ

酔鯨　すいげい

高知県　酔鯨酒造株式会社
suigei.co.jp/

　酔鯨酒造初代は終戦まで陸軍戦闘機のパイロットだった。敵機を落とす度に師団長が飲ませてくれた酒は最悪で「戦争が終わったら、うまい酒を造る！」と決め、復員後に創業。2013年から、孫の大倉広邦さんが継ぎ、さらなる美酒を追求し改革を行う。桂浜近くの本社蔵が老朽化し手狭なため、新しく土佐市に蔵を新造。杜氏2人の2蔵体制になった。両蔵とも清潔を徹底し、上質な酒米を用いて美酒を醸す。新蔵は最新の醸造機器を備え、蔵見学可。ハイエンド酒のテイスティングやノンアルコール飲料、酔鯨グッズも販売。愛飲者を歓待する。

定番の1本
蔵元を代表する最初の吟醸酒。
香り控えめ、味わいの幅も楽しむ

酔鯨 純米吟醸 吟麗

辛口 ミディアム 温度 5〜15℃

◎ 麹米＆掛米：吟風 50%
AL 16.0度
¥ 590円（300mℓ）1,410円（720mℓ）2,670円（1.8ℓ）

季節の1本（販売期間：11月下旬〜1月末）
切れ良く味わい深い純米新酒

酔鯨 特別純米しぼりたて生酒

辛口 フル
温度 5〜15℃

◎ 麹米＆掛米：酒造用一般米 55% AL 17.0度 ¥ 1,150円（720mℓ）2,470円（1.8ℓ）

酒蔵おすすめの1本
食中酒を追求、和にも洋にも

酔鯨 純米大吟醸象（しょう）

辛口 ライト
温度 5〜10℃

◎ 麹米＆掛米：八反錦 40%
AL 16.0度 ¥ 5,000円（720mℓ）

蔵DATA ●創業年（酔鯨酒造株式会社への改組）：1972年（昭和四十七年）●蔵元：大倉広邦 四代目 ●杜氏：明神 真 土佐流 ●住所：高知県高知市長浜566-1

仕込み水は、仁淀ブルー。
土佐の風土を醸す高品質な酒造り

司牡丹

つかさぼたん
高知県　司牡丹酒造株式会社
www.tsukasabotan.co.jp/

　高知県最古の酒蔵、司牡丹酒造の創業は関ヶ原合戦直後。蔵は3つあり、江戸末期建築の長さ85mの白壁蔵、最新鋭の設備の平成蔵、高品質な酒造り専門の吟醸蔵だ。酒造りは品質本位で、純米酒比率は64%、大吟醸を含む特定名称酒は82%と高水準。蔵元の竹村昭彦さんは米作りにも力を入れる。水や肥料を極力減らして環境の負荷が少なく、植物本来の力を引き出す永田農法の永田照喜治先生に教えを請い、地元農家への指導を依頼した。仕込み水は仁淀ブルーと呼ばれる仁淀川の伏流水。軟水で醸した酒は土佐料理と抜群の相性だ。

定番の1本
土佐の酒らしい辛口は、
どんな料理とも合う食中酒

司牡丹 船中八策
(超辛口・純米酒)

`辛口` `ライト` `温度` 15℃前後、40℃前後

◉ 麹米：山田錦60%、掛米：アケボノ 他 60%
`AL` 15.0〜16.0度
¥ 381円(180mℓ) 619円(300mℓ) 1,390円
(720mℓ) 2,800円(1.8ℓ)

季節の1本（販売期間：4月中旬〜8月）
夏限定の純米生酒は初鰹とぜひ！

司牡丹 船中八策
零下生酒

`辛口` `ライト`
`温度` 5〜15℃

◉ 麹米：山田錦60%、掛米：アケボノ、北錦60%
`AL` 16.0〜17.0度 ¥ 1,760円(720mℓ) 3,120円(1.8ℓ)

酒蔵おすすめの1本
高知の酒造好適米で造る辛口

司牡丹 土佐麗
とさうらら

`やや辛口` `ライト`
`温度` 10〜15℃

◉ 麹米＆掛米：土佐麗 60% `AL` 15.0〜
16.0度 ¥ 1,500円(720mℓ) 3,236円(1.8ℓ)

蔵DATA ●創業年：1603年(慶長八年) ●蔵元：竹村昭彦 ●杜氏：浅野 徹 広島流 ●住
所：高知県高岡郡佐川町甲1299

純米酒の梅酒

純米酒で梅酒を漬けると、米由来の甘さが加わり
フルーティでマイルドに。山田錦や生酛の純米酒、
江戸時代の製法で純米吟醸古酒に漬けた梅酒など、
梅純米酒が今、バラエティ豊か！

梅酒を漬けてよい純米酒はアルコール度数20度以上

○ 純米酒で漬ける梅酒の利点

- 焼酎（ホワイトリカーは35度）に比べて、アルコール度数が低く飲みやすい。
（梅酒にすると度数はさらに下がる）
- 割らずにそのまま飲め、梅のエキス分がストレートに味わえる。
- 米の酒ならではの米由来の優しい甘さが加わり、マイルドな味とコクが出る。

「超辛口 山田錦 純米原酒 竹泉」山田錦で醸した梅酒用の純米酒。日本酒度＋16と辛口でうまい。アルコール度数20度。3,000円(1.8ℓ)田治米合名会社

○ 梅純米酒を家で作る注意点

- 酒類製造免許がない一般人が、純米酒で梅酒を作る時は酒税法違反にならないよう注意が必要。
- 純米酒なら何でも良いわけではない。酒税法では、アルコール度数が20度以上の酒でないとご法度。20度未満は×。

「梅ちゃん」は果実酒専用に造った純米酒。「この酒で梅酒を漬けると、焼酎で漬けたのと違い、味・香りが良く、なめらかな梅酒になる」と蔵元の梅津史雅さん。アルコール度数20度。2,640円(1.8ℓ)梅津酒造有限会社

(左から)江戸時代の製法をもとに純米吟醸古酒で漬けた「江戸時代仕込之梅酒 知多白老梅」1,600円(500㎖)澤田酒造株式会社 www.hakurou.com。生酛造りの純米酒と蜂蜜で漬けた「梅酒 睡龍」1,660円(500㎖)久保本家酒造株式会社(p.148)。山田錦の純米酒で漬けた「竹泉 純米酒仕込み 梅酒」1,900円(500㎖)田治米合名会社(p.155)完熟させた野花梅を純米酒に2年以上漬けた「良熟梅の酒 野花」1,529円(500㎖)梅津酒造有限会社(p.169)

自家醸造について（国税庁HPより）

Q 消費者が自宅で梅酒を作ることに問題はありますか。

A 焼酎等に梅等を漬けて梅酒等を作る行為は、酒類と他の物品を混和し、その混和後のものが酒類であるため、新たに酒類を製造したものとみなされますが、消費者が自分で飲むために酒類（アルコール分20度以上のもので、かつ、酒税が課税済みのものに限ります）に次の物品以外のものを混和する場合には、例外的に製造行為としないこととしています。また、この規定は、消費者が自ら飲むための酒類についての規定であることから、この酒類を販売してはならないこととされています。

① 米、麦、あわ、とうもろこし、こうりゃん、きび、ひえ、若しくはでんぷん又はこれらのこうじ

② ぶどう（やまぶどうを含みます）

③ アミノ酸若しくはその塩類、ビタミン類、核酸分解物、若しくはその塩類、有機酸若しくはその塩類、無機塩類、色素、香料又は酒類のかす

根拠法令等：酒税法第7条、第43条第11項、同法施行令第50条、同法施行規則第13条第3項

鳥取県の梅津酒造では野花梅の完熟した黄色い実を使用。おいしい梅酒は「いい梅、いい酒、いい熟成」にあると蔵元。熟した梅にはリンゴ酸やクエン酸など多種類の有機酸が含まれ何より香りが良い。そのまま口にしてうまいのが梅も酒も一番！

「飲んでおいしい純米酒で漬けると、梅酒はビックリするほどまろやか美味」

「黄色から小麦色、琥珀色、えんじ色と日本酒の熟成感、奥深さを感じさせてくれます」

長期熟成日本酒専門BAR『酒茶論』
上野伸弘熟長に教わる

Q. 日本酒の賞味期限は?

A. 日本酒には賞味期限はありません。古い文献をたずねると、鎌倉時代から江戸末期まで長期の熟成を施したお酒は、新酒の3倍ほどの値段で扱われる嗜好性豊かなお酒でした。様々な理由で影を潜めていたものの最近俄かに露出を高めつつあります。

Q. 長期熟成酒とは何ですか?

A. 蔵内で満3年以上熟成した酒をいいます。熟成させる酒のタイプおよび酒質、環境によって色調や味わいが大きく異なります。

Q. 熟成酒の魅力は何ですか?

A. 熟成酒の色は、薄く緑がかった黄色から小麦色、黄金色、琥珀色、えんじ色まで濃淡があり、それぞれの熟度や奥深さを感じさせてくれます。ゆえに味わいも千差万別。生酒を冷蔵で熟成させたものはフルーティさを留めたままトロミの備わった甘露酒に。純米を3〜5年ほど常温で熟成させたものは、ほどよい米のうまみが生きた味わいの酒に。常温で10年、20年、30年と熟成させたものは、キラキラと輝きを放ち漂うように、豊かで重厚感ある芳ばしい香りが味わえます。どれも、ふくよかで奥行きのある長い余韻が楽しめる極み酒。長期の熟成において日本酒はおりが発生しますが、そのおりを取り除いた後の上澄みは、既にアルコール分解が行われているかのように優しく、身体に負担をまるで覚えぬほどです。酔いざめは素晴らしいものがあります。

義侠 泰 やすらぎ

麹米＆掛米：山田錦 40% **AL** 16.5度

冷蔵で3年熟成させ、香味を損ねずに熟成を施したタイプ。新酒特有の粗さやアルコール感をほどよく解き、心地よいフルーティな上立香を持つ。味わいは米のうまみを十分に保ちつつも決してくどさを持たない。喉をすべらせた後に鼻孔をくすぐる戻り香の上品さが余韻をもたらす。山忠本家酒造株式会社

古今 こきん

麹米＆掛米：山田錦 60% **AL** 18.0度

古酒の王道、練れた酒の風格を楽しんでほしい逸品。長い月日が育む芳しき香り、時に身を委ねたからこそ備わる味の異空間、どこまでも広がりを見せるその味わいと余韻は、終わりを感じえないほどに心地よい。木戸泉酒造株式会社

長期熟成日本酒専門BAR『酒茶論』
東京都中央区銀座6-4-8 曽根ビルB103
TEL 03-6263-9710
www.shusaron.net

清酒との違いは、醪を、濾すか濾さないか

酒税法の分類で醸造酒は「清酒」「果実酒」「その他の醸造酒」の3つに分けられる。「清酒」とは、醪を濾す工程を経たもので、どぶろくは「その他の醸造酒」で、一度も濾さない。そのため、原料は清酒と同じ、米と米麹、水であっても、醪そのものの、お粥がゆるくなった、スムージーのようなとろみのある食感だ。

似ている白い酒で、にごり酒があるが、それは醪を粗いザルで濾してあり、分類は清酒となる。

どぶろく特区ってなに?

どぶろくは酒税法で「その他の醸造酒」に分類され、酒類製造免許の最低製造量は、1年間で6kℓ以上と多い。それが2002年に地域活性化を目的に制定された「構造改革特別区域法」で、酒造免許が規制緩和された。特区内の農業者が民宿や飲食店を営み、自ら生産した米を原料にどぶろくを製造する場合は、最低製造量の6kℓが適用されない。特区1号は岩手県の遠野市など。

世界へ輸出される新感覚どぶろく

エレガント!と称されるどぶろくが遠野にある。国内外のシェフやソムリエから熱く注目される佐々木要太郎さんのどぶろくだ。原料米は自ら復活栽培させた遠野1号で、無農薬無肥料栽培する。酒母にも特徴があり、近代の「速醸酛」、鎌倉時代に生まれた「水もと」、江戸時代に生まれた「生酛」の3種類で醸造。唯一無二の料理とともに味わおうと世界中から客が訪れる。

とおの屋 要
岩手県遠野市材木町2-17 tonoya-yo.com/

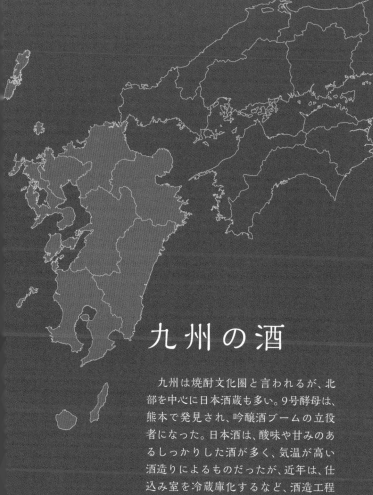

九州の酒

九州は焼酎文化圏と言われるが、北部を中心に日本酒蔵も多い。9号酵母は、熊本で発見され、吟醸酒ブームの立役者になった。日本酒は、酸味や甘みのあるしっかりした酒が多く、気温が高い酒造りによるものだったが、近年は、仕込み室を冷蔵庫化するなど、酒造工程を改革し、透明感ある酒質を実現する蔵が増え、新たな酒質の台頭も見られる。また、温暖な気候で育つ山田錦をはじめとする酒米の品質は高く、さがの華や夢一献など、酒米の開発や、神力の復活栽培も実現。日本書紀によると、米から酒が初めて造られたのは、宮崎とされ、九州は、日本酒発祥の地でもある。

田んぼの地力を生かした
和食に寄り添う山田錦の純米酒

旭菊 あさひきく
綾花 あやか

福岡県 旭菊酒造株式会社 www.asahikiku.com

広大な筑紫平野に立つ旭菊酒造。仕込み水は九重山系の筑後川伏流水、米は全量福岡県産を使う地酒蔵だ。中でも山田錦に力を入れ、産地別に使い分けて上質な優しい酒を醸す。1989年に誕生した「綾花」は、居酒屋店主から絶大な支持を持つロングセラー純米酒。冷やよし、燗よしの幅広い温度が楽しめ、喉越しもやわらかで和食に寄り添う。1994年から糸島地区で自然栽培される山田錦で醸す「旭菊 大地」は、ふくよかで力強く、ひと口飲めば田んぼが浮かぶ。どの酒も蔵元杜氏の原田憲明さん、息子の頼和さんの誠実な人柄が味に表れている。

定番の1本
自然な香り、米のうまみ、喉越し、
ふくらみ、酸味のバランス最良

綾花 純米 瓶囲い

やや辛口 ミディアムライト 温度 40〜45℃

麹米＆掛米: 山田錦 60%
AL 15度
¥ 1,350円(720mℓ) 2,700円(1.8ℓ)

季節の1本（販売期間：2月〜4月）
搾りたて若々しく濃醇な味

綾花 純米生原酒

やや辛口 ミディアム
温度 10〜15℃

麹米＆掛米：山田錦 60% AL 17度
¥ 1,450円(720mℓ) 2,900円(1.8ℓ)

酒蔵おすすめの1本
自然栽培米で純米酒を追求

旭菊 大地 純米

やや辛口 ミディアム
温度 45℃

麹米＆掛米：無農薬山田錦 60% AL
15度 ¥ 1,450円(720mℓ) 2,900円(1.8ℓ)

蔵DATA ●創業年：1900年(明治三十三年) ●蔵元：原田憲明 四代目 ●杜氏：原田憲明・三潴杜氏 ●住所：福岡県久留米市三潴町壱町原403

ラベルの可愛い鳥は、創業のきっかけとなったうぐいす

庭のうぐいす

にわのうぐいす
福岡県 合名会社山口酒造場
www.niwanouguisu.com

　江戸時代末期、近くの北野天満宮から、庭へうぐいすが飛んで来て湧き水で喉を潤す。その姿を見て、当時の主が「庭のうぐいす」と命名。180年たち、ラベルのうぐいすは、色、向きを変えて様々に楽しく登場する。地元契約農家と協同で酒米作りを実践し、ほぼ全量、福岡県産米を使用して醸す。定番酒の「庭のうぐいす 特別純米」はドライな口当たりと、穏やかな酸味、米の温かさを思わせるうまみがよく、ついもう一杯と手が伸びる酒だ。蔵元が追求するのは「おかわりしたくなる酒」と聞いて納得。梅酒やどぶろく、雑穀甘酒も人気。

定番の1本
シャープでドライ、うまみしっかりで
おかわりしたくなる酒

庭のうぐいす 特別純米

やや辛口 ミディアムライト
温度 8〜12℃、20℃前後

◉ 麹米：山田錦 60%、掛米：夢一献 60%
AL 15.0度
¥ 1,225円(720mℓ) 2,450円(1.8ℓ)

季節の1本（販売期間：2月頃）
新酒でフレッシュな生のうぐいす

庭のうぐいす 純米
吟醸 うすにごり

やや甘口 ライト
温度 10〜13℃

◉ 麹米：山田錦 50%、掛米：夢一献 50% AL
16.0度 ¥ 1,500円(720mℓ) 3,000円(1.8ℓ)

酒蔵おすすめの1本
熟成まろやか燗専用酒

庭のうぐいす 純米
吟醸 ぬるはだ

やや辛口 ミディアム
温度 36〜45℃

◉ 麹米：山田錦 50%、掛米：夢一献 50% AL
14.0度 ¥ 1,250円(720mℓ) 2,500円(1.8ℓ)

蔵DATA
●創業年：1832年（天保三年）　●蔵元：山口哲生 十一代目　●杜氏：古賀 剛
●住所：福岡県久留米市北野町今山534-1

四代続く親子杜氏、福岡県産米のみで醸す全量純米蔵

独楽蔵
杜の蔵

こまぐら
もりのくら

福岡県 株式会社杜の蔵 www.morinokura.co.jpw

三潴町で、全国唯一の親子四代目杜氏が、五代目蔵元とタッグを組んで醸す「杜の蔵」。九州の酒造りでは、福岡県南部の柳川杜氏、三潴杜氏と久留米杜氏が中心的存在だが、その中でも三潴杜氏が、筑後の軟水に合った暖地醸造法を確立した。筑後平野の真ん中は、肥沃な大地の穀倉地で、原料米は、山田錦、夢一献を中心とする福岡県産米100%。山田錦は糸島の契約農家と苗作りからの取り組みを行い、一部は無農薬栽培も。夢一献は地元・三潴町産を使用。主な銘柄は、ソフトな味わいの「杜の蔵」と、現代の幅広い食との相性を意識した「独楽蔵」の2本立て。

定番の1本
苗作りから栽培する豊かなうまみ
たっぷりの特別仕様の酒

独楽蔵 無農薬
山田錦六十

やや辛口 ミディアムフル 温度 8〜20℃

◉ 麹米 & 掛米：山田錦 60%
AL 15度
¥ 1,500円(720㎖) 3,000円(1.8ℓ)

季節の1本（販売期間：12月〜3月）
生まれたて、なめらかなうすにごり

杜の蔵 採れたて
純米 一の矢

普通 ミディアムライト
温度 5〜10℃

◉ 麹米 & 掛米：夢一献 65% AL 15度
¥ 1,250円(720㎖) 2,500円(1.8ℓ)

酒蔵おすすめの1本
食とのペアリングが最強の酒

独楽蔵 玄
円熟純米吟醸

やや辛口 フル
温度 20℃、50℃

◉ 麹米 & 掛米：山田錦 55% AL 15度
¥ 1,600円(720㎖) 3,200円(1.8ℓ)

蔵DATA ●創業年：1898年(明治三十一年) ●蔵主：森永一弘 五代目 ●杜氏：末永雅信・三潴流 ●住所：福岡県久留米市三潴町玉満2773

料理酒も「米・米麹」だけがうまい！

「酒」と名がつく商品はいろいろあれど、こと料理酒はタチが悪い。原材料を見れば一目瞭然。純米酒の原材料は「米・米麹」だけだが、料理酒となるとこれが「酒」か？という内容だ。某料理酒に例をとると【醸造調味料（米、米麹、食塩）、ぶどう糖果糖液糖、食塩、アルコール、酸味料】である。早く安価に作った結果であろう。とてもこのまま飲める味ではない。

　酒を料理に使う効果は、素材の味を引き出す。魚介類の臭みを消す。味を整え、風味をつけるなどがある。大さじ1杯が決め手となる料理酒は"飲んでおいしい"が基本！　味が濃いめの純米酒を料理に使うのがおすすめだ。また、日本酒蔵が料理専用に醸造した酒もある。全量純米酒の杜の蔵が考えた料理酒の原材料は「米・米麹」のみ。糖類、塩、化学調味料は不使用。米は農薬を使わず育てた福岡県糸島産・山田錦。コクが出るよう四段仕込みで熟成している。芳醇なコクと豊かな酸味たっぷりで、うまみ成分が濃い。色は鼈甲飴のよう。じつは燗して飲んでもうまいのだ。とある居酒屋さんは熱燗で提供している。

　杜の蔵では米麹と塩麹も製造する。「純米酒蔵の米麹」は酒米・夢一献。「純米酒づくりの贅沢塩麹」はその米麹に、水ではなく、純米酒を加えてツヤたっぷりの塩麹に仕上げた一品。麹、塩麹ともに、味のきれいさが魅力で、酒造りの杜氏が担当すればこんなにうまいのかと驚いた。

左より
純米酒づくりの贅沢塩麹 110g ¥400円
琥珀の料理酒 720ml ¥900円
純米酒蔵の米麹 200g ¥500円

杜の蔵 麹食ブランド「百福蔵」
www.morinokura.co.jp/hyakufukura/

米も味わいもバラエティ豊かな
99%純米酒蔵

三井の寿 みいのことぶき
美田 びでん

福岡県　株式会社みいの寿

　1983年に蔵が純米酒にシフト。「父がフランスの五大シャトーを見て回り、"本物の日本酒を造れば小さな蔵でも売れる"と確信したのです」と蔵元杜氏の井上宰継さん。大型の機械設備を捨て、小仕込みの純米酒造りに専念。全ての酒が大吟醸や純米の特定名称酒に。しかも99%は純米酒、1%は鑑評会用の大吟醸のみ。さらに米力を強化し、農家と連携。山田錦は福岡県糸島産、熊本県の無農薬栽培米、八女産の吟のさと、地元の夢一献、県外産の雄町や酒未来、復活栽培した穀良都とバラエティに富む。季節限定酒のイタリアンラベルも好評だ。

定番の1本
鑑評会で多数の受賞歴あり。
発酵調味料によく合う食中酒

三井の寿 純米吟醸
山田錦 芳吟

やや辛口　ミディアム　温度 7〜40℃

◎ 麹米＆掛米：山田錦 55%
AL 15.0度
¥ 1,600円(720㎖) 3,200円(1.8ℓ)

季節の1本 (販売期間:6月〜8月)
多酸系の福岡夢酵母仕込み

夏純吟 チカーラ

普通　ミディアムライト
温度 5℃

◎ 麹米＆掛米：夢一献 60% AL 15.0度
¥ 1,300円(720㎖) 2,600円(1.8ℓ)

酒蔵おすすめの1本
ワイン製法を応用のフルボディ酒

三井の寿 バトナージュ 純米吟醸60

やや辛口　フル
温度 7℃

◎ 麹米＆掛米：山田錦 60% AL 15.0度
¥ 1,400円(720㎖) 2,800円(1.8ℓ)

蔵DATA　●創業年：1922年(大正十一年)　●蔵元：井上宰継 四代目　●杜氏：井上宰継・蔵元杜氏　●住所：福岡県三井郡大刀洗町栄田1067-2

福岡で巻き起こった革新的な酒造りの若い波。
鮮やかで緻密な酒造り

若波
わかなみ

福岡県　若波酒造合名会社
wakanami.jimdofree.com/

家具の町・大川市で1922年創業の若波酒造。蔵のすぐ横を有明海に注ぐ筑後川が流れる。「若い波を起こせ」と命名された「若波」は、フレッシュな桃や洋梨のようなみずみずしさと透明感が特徴。「波のように押し寄せて、波のように引いていく余韻」と蔵元の今村嘉一郎さん。緻密な醸造理論を基に小仕込みを行い、仕込み量は大吟醸酒から普通酒まで全て同一。清潔を徹底し、通年7℃と仕込み環境を一定にして再現性を高める。筑後川の伏流水の持ち味を生かし、酒米は全量福岡県産米で醸す。地元開発品種の「寿限無」にも力を入れる。

定番の1本

「味に波のある酒（押し波、引き波）」
を旨にした主張しすぎない食中酒

若波 純米吟醸

普通　ミディアム　温度 10〜15℃

麹米：山田錦 50%、掛米：夢一献 55%

AL 15.0度

¥ 1,500円（720mℓ）3,000円（1.8ℓ）

季節の1本（販売期間：5月〜）

「ふくおか夢酵母2号」で爽快

若波 TYPE-FY2

やや甘口　フル　温度 12℃

麹米＆掛米：福岡県産米 55% AL 13.0度 ¥ 1,350円（720mℓ）2,700円（1.8ℓ）

酒蔵おすすめの1本

主張のある甘みと酸味が調和

若波 純米大吟醸 山田錦

やや甘口　ミディアムフル　温度 12℃

麹米＆掛米：山田錦 45% AL 15.0度 ¥ 2,700円（720mℓ）5,000円（1.8ℓ）

蔵DATA

●創業年：1922年（大正十一年）　●蔵元：今村嘉一郎 四代目　●杜氏：庄司隆宏・自社杜氏　●住所：福岡県大川市鐘ヶ江752

上品な甘みと香りの調和。
オーベルジュもオープン

鍋島
なべしま
佐賀県 富久千代酒造有限会社
nabeshima.biz

「鍋島 大吟醸」が、2011年IWC「SAKE 部門」チャンピオン・サケに選ばれた。翌年以降に始まった「鹿島酒蔵ツーリズム」では、3万人の町に10万人近くの観光客が来訪。鹿島市浜町は、有明海に面し、多良岳山系からの良質な地下水と、酒米栽培に適した豊かな土壌に恵まれた山田錦の産地。また、酒米栽培に誇りを持つ各産地から酒米を仕入れ、"米の力を信じて"をコンセプトに芳醇な味わいの酒質を目指す。2021年春、酒蔵オーベルジュ「御宿 富久千代」とレストラン「草庵 鍋島」を、国の重要伝統的建造物群保存地区に開業。酒蔵のもてなしが体験できる。

定番の1本
飲み飽きせずに飲める
料理に寄り添う酒

鍋島 特別純米酒

普通 | ミディアム | 温度 7〜50℃

◎ 使用米は造りによって異なる。55%
AL 15.0度
¥ 1,428円(720mℓ) 2,700円(1.8ℓ)

特別な1本
データ無し、純粋に楽しんでほしい

鍋島 Black Label

酒質:非公開
温度 7〜40℃

◎ 非公開 AL 非公開
¥ 22,000円(720mℓ)

酒蔵おすすめの1本
食との相性満点。幸せになれる味

鍋島 純米大吟醸
山田錦35%

普通 | ミディアム
温度 7〜15℃

◎ 麹米&掛米:山田錦 35% AL 17.0度
¥ 5,714円(720mℓ) 10,909円(1.8ℓ)

蔵DATA ●創業年:大正末期 ●蔵元:飯盛直喜 ●杜氏:飯盛直喜・蔵元流 ●住所:佐賀県鹿島市浜町1244-1

源氏蛍が乱舞する清流の里で醸す、濃醇タイプの食中酒

七田
しちだ
佐賀県 天山酒造株式会社
www.tenzan.co.jp

　小京都といわれる小城町岩蔵の天山酒造。ルーツは水車業の老舗蔵。蔵の前を流れる祇園川は、石川達三の『青春の蹉跌』の舞台になった天山からの清流で、初夏には源氏蛍が乱舞する名所として有名。仕込み水は天山の湧水を蔵へ引き込んで使用。鉄分が無くカルシウムやマグネシウム等のミネラル分を含んだ硬水を潤沢に使い、地の酒米で醸したのが「七田」ブランド。佐賀県産の酒米に力を注ぎ、地元生産者と「天山酒米栽培研究会」を立ち上げ、山田錦、さがの華などの良質米を確保。米のうまみがギュッと凝縮した、食欲がわく酒ばかりだ。

定番の1本
濃厚な甘みとうまみで
一度飲んだら忘れられない酒

七田 純米

やや辛口 ミディアムフル 温度 10〜15℃

◉ 麹米：山田錦 65%、掛米：レイホウ 65%
AL 17.0度
¥ 1,250円(720㎖) 2,600円(1.8ℓ)

季節の1本 (販売期間：9月〜10月)
磨かず醸した雄町力全開の酒

七田 純米 七割五分
磨き 雄町 ひやおろし

やや辛口 ミディアムフル
温度 10〜45℃

◉ 麹米＆掛米：雄町 75% AL 17.0度 ¥
1,250円(720㎖) 2,600円(1.8ℓ)

酒蔵おすすめの1本
ホッとするやわらか純吟

七田 純米吟醸

やや甘口 ミディアム
温度 10〜15℃

◉ 麹米：山田錦 55%、掛米：さがの華 55%
AL 16.0度 ¥ 1,600円(720㎖) 3,250円(1.8ℓ)

蔵DATA

●創業年：1875年(明治八年) ●蔵元：七田謙介 六代目 ●杜氏：後藤 潤・肥前流
●住所：佐賀県小城市小城町岩蔵1520

洗練され上品な味は九州随一。
山田錦を栽培

東一

あづまいち

佐賀県 五町田酒造株式会社
www.azumaichi.com

透明感あるきれいな酒質で全国から高評価を受ける「東一」。米も酒も研鑽を積み重ね、常に最上を目指す。「米から育てる酒造り」がモットー。米作りの取り組みは早く、昭和63年、兵庫県以外では難しかった山田錦の栽培に佐賀県で初成功。以来、上質な山田錦を蔵で栽培する。定番酒「東一 山田錦 純米酒」は穏やかな香り、酸味と渋みがまろやかに調和。米の素性の良さが味にしっかり反映。冷酒だけでなく43℃のぬる燗でも良さが光る。佐賀県で開発した酒米、さがの華、レイホウは蔵がある塩田町で栽培。「人、米、造りが一体となって良酒を醸す」。

定番の1本
削りすぎない米の良さが光る
芯の通ったキリッとうまい辛口

東一 山田錦 純米酒

やや辛口　ミディアムフル　温度 43℃

麹米＆掛米：山田錦 64%
AL 15.0度
¥ 1,250円（720mℓ）2,500円（1.8ℓ）

季節の1本（販売期間：9月〜10月）
上品な甘味と香りが楽しい秋酒

東一 山田錦純米酒 ひやおろし

やや甘口　ミディアムフル
温度 20℃

麹米＆掛米：山田錦 64%　AL 17.0度
¥ 1,250 円（720mℓ）2,500円（1.8ℓ）

酒蔵おすすめの1本
独自製法で醸した低アルコール酒

東一 純米吟醸 Nero

普通　ミディアムライト
温度 12℃

麹米＆掛米：山田錦 49%　AL 13.0度
¥ 1,700円（720mℓ）

蔵DATA　●創業年：1922年（大正十一年）●蔵元：瀬頭一平 三代目 ●杜氏：糸山一征・自社流 ●住所：佐賀県嬉野市塩田町五町田甲2081

田んぼの真ん中で、
3人がゼロから始めた酒蔵造り

光栄菊
こうえいぎく
佐賀県　光栄菊酒造株式会社

　東京のテレビ局で経済や農業に関する番組を制作していた2人と、愛知の酒蔵で酒造りをしていた杜氏。その3人が縁あって佐賀県小城市の田んぼの真ん中で立ち上げた新しい酒蔵が光栄菊酒造だ。爽やかで柑橘を思わせる美しい酸味と、きれいで優しいふくらみ、後口の切れの良さも抜群で、新酒が出るたびに完売が続く。原料米は酒米の山田錦、愛山、雄町を選び、麹米は10kgずつ丁寧に洗う。酵母は昔ながらの手間がかかる泡ありを使用。全てが新発想の蔵元のもと、腕利き杜氏が思うがままに腕を振るう、まさに大型新人登場だ。

定番の1本
うすにごりの無濾過生原酒は
柔らかくみずみずしい飲み口

SNOW CRESCENT
スノウ・クレッセント

やや甘口　ミディアムフル
温度 20℃以下、50℃以上

麹米＆掛米:非公開
AL 14.0度　¥ 参考価格 1,600円(720㎖)
2,950円(1.8ℓ)

季節の1本 （販売期間:3月中旬〜）
柑橘香をラベルにも表現した純米

Tasogare Orange
黄昏オレンジ

普通　ミディアムライト
温度 10〜20℃

麹米＆掛米:非公開 AL 14.0度　¥ 参考価格 1,600円(720㎖) 2,950円(1.8ℓ)

酒蔵おすすめの1本
少し寝かせて味わう純米大吟醸

Hello! KOUEIGIKU
ハロー!コウエイギク

やや辛口　ミディアムライト
温度 10〜65℃

麹米＆掛米:非公開 AL 14.0度　¥
2,700円(720㎖) 4,500円(1.8ℓ)

蔵DATA
●創業年:2019年(令和元年)　●蔵元:日下 智 初代　●杜氏:山本克明 南部杜氏
●住所:佐賀県小城市三日月町織島2602-3

古伊万里の名を受け継ぐ佐賀の酒。
地元の農家の酒米で美酒を醸す

古伊万里 前 こいまり さき

佐賀県　古伊万里酒造有限会社
sake-koimari.jp/

　肥前佐賀藩の藩祖、鍋島直茂の朝鮮出兵により渡来した朝鮮の陶工が佐賀に渡り、日本初の磁器が誕生。交易品として、輸出港の名を取り伊万里焼とも呼ばれ、欧州で珍重された。その名声を冠する古伊万里酒造は、四代目の前田くみ子さんが高品質な酒造りに舵を切り、前田の前と前向きの気持を込めて銘柄に「前」と名付けた。微生物が居心地よくよく動けるよう麹作りから、醪管理まで清掃を徹底し丁寧に醸す。酒米は伊万里農協の山田錦、炭山地区の棚田米など県産が9割。パリやロンドンの日本酒鑑評会でも金賞を連続受賞し高評価を得る。

定番の1本
華やかな香りの鑑評会入賞常連酒

古伊万里 前 純米吟醸

`普通` `ミディアム` `温度` 5〜10℃

🍶 麹米＆掛米:山田錦 55%
`AL` 16.0度
¥ 1,680円(720㎖) 3,360円(1.8ℓ)

季節の1本 (販売期間:9月)
秋限定の瓶貯蔵酒

古伊万里 前
トランキーロ

`やや辛口` `ミディアムフル`
`温度` 5〜10℃

🍶 麹米＆掛米:非公開 55% `AL` 15.0度
¥ 1,600円(720㎖) 3,200円(1.8ℓ)

酒蔵おすすめの1本
軽い発泡と豊かな香りが魅力

古伊万里 前
モノクローム+(プラス)

`やや甘口` `ミディアムフル`
`温度` 5〜10℃

🍶 麹米＆掛米:非公開 `AL` 16.0度 ¥
2,100円(720㎖) 4,200円(1.8ℓ)

蔵DATA　●創業年:1909年(明治四十二年) ●蔵元:前田くみ子 四代目 ●杜氏:忽那信太郎 ●住所:佐賀県伊万里市二里町中里甲3288-1

自家栽培の田んぼが13ha、大分県産酒米100%を目指す

鷹来屋
たかきや
大分県 浜嶋酒造合資会社
www.takakiya.co.jp

「東洋のナイアガラ」と呼ばれる日本の滝百選「原尻の滝」近く、大分県豊後大野市緒方町。緩やかな山間の丘陵地帯、なだらかに田んぼが緒方川へ下っていく南向き斜面の中腹、日向街道沿いの蔵。周辺の田んぼで自社栽培を行っており、現在13ha。若水、吟のさと、山田錦、ヒノヒカリ、ひとめぼれ、大分三井を栽培している。将来的には酒米を100%地元栽培する予定。全量槽しぼりの手造りだ。「鷹来屋 特別純米酒」は控えめな香りがあり、やわらかな口当たり。切れがあって、喉の奥をスッと流れていき、後でほのかなうまみが余韻で残る、ツヤのある酒。

定番の1本
五味優しく、染み渡る
ホッとする純米酒

鷹来屋 特別純米酒

やや辛口 ミディアムライト 温度 5〜50℃

麹米：山田錦 50%、
掛米：ヒノヒカリ 55%

AL 15.0度

¥ 1,300円（720mℓ）2,600円（1.8ℓ）

季節の1本（販売期間：11月〜）
雄町で醸したエレガントな純吟

鷹来屋 雄町
純米吟醸

やや辛口 ミディアム
温度 7〜13℃

麹米：山田錦 50%、掛米：雄町 50% AL
15.0度 ¥ 1,550円（720mℓ）3,100円（1.8ℓ）

酒蔵おすすめの1本
自家栽培山田錦の特別酒

鷹来屋 山田錦
純米吟醸

やや辛口 ミディアム
温度 5〜45℃

麹米＆掛米：山田錦 50% AL 16.0度
¥ 1,850円（720mℓ）3,700円（1.8ℓ）

蔵DATA ●創業年：1889年（明治二十二年） ●蔵元：浜嶋弘文 五代目 ●杜氏：浜嶋弘文・自社流 ●住所：大分県豊後大野市緒方町下自在381

国東半島の小さな蔵が地酒に特化！
海外で高評価の国際酒に

ちえびじん

大分県　有限会社中野酒造
chiebijin.com/

　仏教文化の里、国東半島の城下町杵築の小さな酒蔵中野酒造。麦焼酎製造量全国一の大分県で、高品位な日本酒造りを追求する六代目の中野淳之さん。水は酒の命だと、六郷満山の御霊水を仕込み水に用い、水と相性の良い米を求めて山香町の農家に山田錦とヒノヒカリを栽培依頼。優しい甘みときれいな酸みのバランスを模索して造った酒が、パリで開催された日本酒鑑評会で最優秀賞を受賞。さらにパーカーポイント90点、ブリュッセルの鑑評会で金賞受賞と国際的な高評価を得る。また、地紅茶を使った「ちえびじん紅茶梅酒」が海外から注文殺到。

定番の1本
軽やかな甘酸のバランス。
パリの鑑評会で最高賞

ちえびじん 純米酒

`やや甘口` `ミディアムフル` `温度 5〜10℃`

◉ 麹米：山田錦 65%、掛米：ヒノヒカリ 70%
`AL` 16.0度
¥ 1,300円(720mℓ) 2,300円(1.8ℓ)

季節の1本（販売期間：1月〜）
タンク1本だけの限定仕込み

裏ちえびじん
〜番外編〜

`やや甘口` `ミディアムフル`
`温度 5〜10℃`

◉ 麹米＆掛米：山田錦 60%　`AL` 16.0度
¥ 1,500円(720mℓ) 2,800円(1.8ℓ)

酒蔵おすすめの1本
燗酒への情熱と追求が生んだ酒

ちえびじん
生酛 純米酒

`普通` `ミディアム`
`温度 42℃`

◉ 麹米：山田錦 65%、掛米：ヒノヒカリ 70%
`AL` 15.0度　¥ 1,300円(720mℓ) 2,500円(1.8ℓ)

蔵DATA　●創業年：1874年(明治七年) ●蔵元：中野淳之 六代目 ●杜氏：前原正晴 ●住所：大分県杵築市大字南杵築2487-1

創業1688年、
心で造り風が育てる日本最西端の酒

福田 ふくだ

長崎県　福田酒造株式会社
www.fukuda-shuzo.com/

　戦国時代、ポルトガル人が、欧州の産品とキリスト教を伝えた平戸島。古代日本の最西端で世界への窓口だった。島最西端の志々伎湾には、古墳時代から大陸からの舟が着いた。日本武尊の御子をまつる志々伎神社のお神酒を造り、代々平戸藩御用達の酒屋だった福田酒造。創業者が300年以上前に残した言葉「心で造り、風が酒を育てる」を守り、父と兄弟3人で酒造りに励む。仕込み水は世界遺産の天然広葉樹原生林から湧き出る水。原料米は蔵元自ら手がける平戸島の潮風で育てた山田錦。蔵の前は海と漁協。祖先は網元。玄界灘の魚介にことのほか合う。

定番の1本
穏やかな香りと米のうまみが調和。
さまざまな温度帯で楽しめる

福田 純米 山田錦

普通　ミディアム　温度 常温〜50℃

◎ 麹米＆掛米：山田錦 65%
AL 15.0度
¥ 1,300円(720mℓ) 2,600円(1.8ℓ)

季節の1本 (販売期間：5月〜7月)
冷やして活性を楽しむ夏の酒

福田 純米吟醸 山田錦 活性うすにごり

やや甘口　ミディアムライト
温度 5〜10℃

◎ 麹米＆掛米：山田錦 55%　AL 15.0度
¥ 1,550円(720mℓ) 3,100円(1.8ℓ)

酒蔵おすすめの1本
香り穏やか、優しい味わい

福田 純米吟醸 山田錦

やや甘口　ミディアムライト
温度 5〜15℃

◎ 麹米＆掛米：山田錦 55%　AL 15.0度
¥ 1,550円(720mℓ) 3,100円(1.8ℓ)

蔵DATA ●創業年：1688年(元禄元年) ●蔵元：福田 詮 十四代目 ●杜氏：西田隆昭 生月流 ●住所：長崎県平戸市志々伎町1475

IWC世界チャンピオンの酒

IWC＝インターナショナル・ワイン・チャレンジのSAKE部門

酒サムライ・コーディネーター、IWCアンバサダー　平出淑恵

　IWCは1984年に英国ロンドンで創設された、出品数では世界最大のワインコンペティションです（ワインの出品は全世界から約1万5000銘柄）。2007年から同大会にSAKE部門が誕生。若手蔵元の全国組織「日本酒造青年協議会」が2006年より始めた酒サムライ叙任式（国内外の日本酒大使の任命式）でIWCの最高審査責任者サム・ハロップ氏が酒サムライに叙任されたことがきっかけでした。グローバルなワインの檜舞台に、現在でも生産量のたった4%しか輸出されていない日本酒が、世界に向けてしっかりとした発信の場を得る事が出来たのです。出品酒は市販酒ということで海外市場への訴求という面で2011年からIWC上位受賞酒は外務省の在外公館にも採用されています。同大会のワインの出品数とは比べようがありませんが、SAKE部門も海外の大会では最大で、2020年度は1,401銘柄の出品がありました。毎年、出品酒の頂点となった歴代チャンピオンの銘柄は、その素晴らしい品質で日本酒の魅力と共に蔵の地域の名前も世界に発信、地元の誇りとなっ

ています。2011年のチャンピオンとなった佐賀県鹿島市の「鍋島 大吟醸」は、鹿島酒蔵ツーリズムというお祭りを誕生させ、この2日間に来訪者約10万人、経済効果2億円という実績を生みました。2015年のチャンピオンとなった福島県喜多方市の「会津ほまれ 播州産山田錦仕込 純米大吟醸酒」は、震災後最もポジティブな「福島」を世界に発信しました。そして2016年には兵庫県が、2018年には山形県がIWCのSAKE審査会を誘致し、世界十数か国から審査員が来日して審査にあたり開催地の日本酒にも親しむ機会となりました。IWCはまさに、日本酒を通じて海外と日本の架け橋と進化しています。

根知男山 合名会社渡辺酒造店
米作りから酒造りまで一貫生産をしているドメーヌ・スタイルの酒蔵。ワインのように原材料の生産年をボトルに表示している。ブランドは「Nechi」という産地ブランドで2010年に受賞。Nechiは酒米産地の根知谷。気候風土と生産年を酒に映し出す。

歴代チャンピオン・サケ

2010年は各部門最優秀賞の5銘柄を最高賞とした。
翌年からはもとに戻しチャンピオンは1つのみとした。

2007
菊姫　鶴乃里
菊姫合資会社
https://www.kikuhime.co.jp/

2008
出羽桜 一路
出羽桜酒造株式会社
https://www.dewazakura.co.jp/

2009
山吹ゴールド
金紋秋田酒造株式会社
http://www.kinmon-kosyu.com/

2010
純米酒 梵 吟撰
合資会社 加藤吉平商店
http://www.born.co.jp/

2010
Nechi 2008
合名会社 渡辺酒造店
https://nechiotokoyama.jp/

2010
本醸造 本洲一
合名会社梅田酒造場
http://www.honshu-ichi.com/

2010
大吟醸 澤姫
株式会社 井上清吉商店
http://sawahime.co.jp/

2010
古酒 華鳩
榎酒造株式会社
https://hanahato.ocnk.net/

2011
鍋島
富久千代酒造有限会社
https://nabeshima.biz

2012
福小町
株式会社 木村酒造
http://www.fukukomachi.com/

2013
喜多屋
株式会社 喜多屋
https://www.kitaya.co.jp/

2014
酔翁
株式会社 平田酒場
https://hidanohana.com/

2015
会津ほまれ 播州産山田
錦仕込 純米大吟醸酒
ほまれ酒造株式会社
www.aizuhomare.jp

2016
出羽桜 出羽の里 純米酒
出羽桜酒造株式会社
https://www.dewazakura.co.jp/

2017
南部美人 特別純米酒
株式会社南部美人
https://www.nanbubijin.co.jp/

2018
奥の松 あだたら吟醸
奥の松酒造株式会社
http://okunomatsu.co.jp/

2019
勝山 純米吟醸 献
仙台伊澤家勝山酒造株式会社
https://www.katsu-yama.com/

2020
紀土 無量山 純米吟醸
平和酒造株式会社
http://www.heiwashuzou.co.jp/

❖ 上質な日本酒が揃い、管理よく買える酒販店リスト

	店名	住所、電話	
北海道	地酒＆ワイン 酒本商店 本店	北海道室蘭市祝津町2-13-7　TEL. 0143-27-1111	
東北	日本酒ショップくるみや	青森県八戸市旭ヶ丘2-2-3　TEL. 0178-25-3825	
	天洋酒店	秋田県能代市大町8-16　TEL. 0185-52-3722	
	アキモト酒店	秋田県大仙市神宮寺162　TEL. 0187-72-4047	
	佐藤勘六商店	秋田県にかほ市大竹字下後26　TEL. 0184-74-3617	
	酒屋源八	山形県西村山郡河北町谷地字月山堂684-1 TEL. 0237-71-0890	
	銘酒泉屋	福島県郡山市開成2-16-2　TEL. 024-922-8641	
	會津酒楽館 有限会社渡辺宗太商店	福島県会津若松市白虎町1番地　TEL. 0242-22-1076	
関東	ましだや	栃木県下都賀郡壬生町大字壬生乙2472-8 TEL 0282-82-0161	
	いまでや	千葉県千葉市中央区仁戸名町714-4 TEL. 043-264-1439	
	酒のはしもと	千葉県船橋市習志野台4-7-11　TEL. 047-466-5732	
	金二商事・セブンイレブン 津田沼店	千葉県習志野市津田沼6-13-9　TEL. 047-452-0121	
	小西株式会社 神田小西	東京都千代田区神田小川町1-11 TEL. 03-3292-6041	
	新川屋　佐々木酒店	東京都中央区日本橋人形町2-20-3 TEL. 03-3666-7662	
	伊勢五本店	東京都文京区千駄木3-3-13　TEL. 03-3821-4557	
	はせがわ酒店　亀戸店	東京都江東区亀戸1-18-12　TEL. 03-5875-0404	
	出口屋	東京都目黒区東山2-3-3　TEL. 03-3713-0268	
	朝日屋酒店	東京都世田谷区赤堤1-14-13　TEL. 03-3324-1155	
	酒のなかむらや	東京都世田谷区給田3-13-16　TEL. 03-3326-9066	
	升新商店	東京都豊島区池袋2-23-2　TEL. 03-3971-2704	
	大塚屋	東京都練馬区関町北2-16-11　TEL. 03-3920-2335	
	宇田川商店	東京都江戸川区東小松川3-18-1 TEL. 03-3656-0464	
	リカーポート蔵家	東京都町田市木曽西1-1-15　TEL. 042-793-2176	
	さかや栗原町田店	東京都町田市南成瀬1-4-6　TEL. 042-727-2655	

旭菊、鷹勇、三井の寿、蘭の舞、花垣、俊也、龍勢、竹鶴、独楽蔵、天穏、二世古、神亀、扶桑鶴

豊盃、陸奥八仙、赤武、八鶴、如空、天花、阿櫻、雑賀、富久長、雁木

新政、白瀑、ゆきの美人、一白水成、春霞、雪の茅舎、天の戸、刈穂、喜久水、飛良泉、大納川

新政、刈穂、天の戸、やまとしずく、一白水成、山本、土田、玉川、花邑、花巴

飛良泉、新政、ゆきの美人、一白水成、雪の茅舎、春霞、山本、天の戸、鳥海山、千代緑

生酛のどぶ、奥羽自慢、雅山流、天遊琳、秋鹿、冨玲、悦凱陣、長珍、飛露喜

飛露喜、寫樂、口万、会津娘、廣戸川、会津中将、大七、末廣、国権、一歩己、山ノ井

会津娘、会津中将、天明、山の井、一歩己、廣戸川、寫樂、口万、飛露喜、国権

町田酒造、みむろ杉、仙禽、忠愛、鳳凰美田、結ゆい、伯楽星、天美、光栄菊、鍋島

新政、山形正宗、風の森、満寿泉、七本槍、伯楽星、醸し人九平次、而今、五人娘

扶桑鶴、鯉川、日置桜、神亀、竹鶴、辨天娘、竹泉、花垣、秋鹿、独楽蔵、いづみ橋、羽前白梅

くどき上手、楯野川、尾瀬の雪どけ、作、風の森、獺祭、阿武の鶴、裏月山、川鶴、石鎚

越の白梅、鏡山、大七、司牡丹、勝山、蒼天伝、龍力、水尾、開運、惣譽、月山、脱兎、誠鏡、瀧澤

古伊万里、誉池月、雄東正宗、龍力、羽根屋、綿屋、越前岬、龍勢、一念不動、華姫桜

鳳凰美田、新政、たかちよ、出雲富士、村祐、亀泉、口万、旭興、醸し人九平次、光栄菊、信州亀齢

笑四季、伯楽星、鳳凰美田、紀土、美丈夫、阿櫻、寒紅梅、澤屋まつもと、雨後の月、寫樂

山陰東郷、冨玲、十旭日、杉錦、白隠正宗、群馬泉、睡龍、玉川、磐城壽、羽前白梅

伯楽星、陸奥八仙、鮎正宗、玉川、紀土、小左衛門、誠鏡、瀧自慢、金澤屋、遊穂、黒龍

獺祭、鶴齢、くどき上手、黒龍、福田、庭のつぐいす、金澤屋、明鏡止水、白瀑、水芭蕉

田酒、白瀑、新政、ゆきの美人、雪の茅舎、出羽桜、寫樂、屋守、黒龍

竹鶴、生酛のどぶ、秋鹿、扶桑鶴、日置桜、いづみ橋、辨天娘、玉川、玉櫻、肥前蔵心

正宗、久保田、洗心、獺祭、鶴齢、菊姫、出雲月山、七田、龍力、蒼穂、mana、惣譽、月の輪、天の戸

くどき上手、一歩己、水芭蕉、義侠、月不見の池、佐久の花、玉川、神心、媛一会、花の香

雅山流、羽根屋、寫楽、鳳凰美田、玉川、七田、久保田、鳥海山、澤屋まつもと、白隠正宗

❖ 上質な日本酒が揃い、管理よく買える酒販店リスト

	店名	住所、電話	
関東	酒舗　まさるや　本店	東京都町田市鶴川6-7-2-102　TEL. 042-735-5141	
	籠屋　秋元酒店	東京都狛江市駒井町3-34-3　TEL. 03-3480-8931	
	小山商店	東京都多摩市関戸5-15-17　TEL. 042-375-7026	
	お酒のアトリエ　吉祥 新吉田本店	神奈川県横浜市港北区新吉田東5-47-16 TEL. 045-541-4537	
	横浜君嶋屋　本店	神奈川県横浜市南区南吉田町3-30 TEL. 045-251-6880	
	厳選地酒・ワイン・コーヒー 秋元商店	神奈川県横浜市港南区芹ガ谷5-1-11 TEL. 045-822-4534	
	坂戸屋商店	神奈川県川崎市高津区下作延2-9-9 MSBビル1F TEL. 044-866-2005	
	掛田商店	神奈川県横須賀市鷹取2-5-6　TEL. 046-865-2634	
北陸・甲信越	エスポアおおさき	富山県魚津市釈迦堂1-16-11　TEL 0765-22-1809	
	地酒屋サンマート	新潟県長岡市北山4-37-3　TEL. 0258-28-1488	
	カネセ商店	新潟県長岡市与板町与板乙1431-1 TEL. 0258-72-2062	
	依田商店	山梨県甲府市徳行5-6-1　TEL. 055-222-6521	
東海	丸茂芹澤酒店	静岡県沼津市吉田町24-15　TEL. 055-931-1514	
	酒舗よこぜき	静岡県富士宮市朝日町1-19　TEL. 0544-27-5102	
	安田屋	三重県鈴鹿市神戸6-2-26　TEL. 059-382-0205	
近畿	SAKEBOXさかした	大阪府大阪市此花区高見1-4-52-116 TEL. 06-6461-9297	
	山中酒の店	大阪府大阪市浪速区敷津西1-10-19 TEL. 06-6631-3959	
	三井酒店	大阪府八尾市安中町4-7-14　TEL. 072-922-3875	
中国・四国	谷本酒店	鳥取県鳥取市末広温泉町274　TEL. 0857-24-6781	
	ワインと地酒　武田 岡山新保店	岡山県岡山市南区新保1130-1　TEL. 086-801-7650	
	大和屋酒舗	広島県広島市中区胡町4-3　TEL 082-241-5660	
	酒商山田　本店	広島県広島市南区宇品海岸2-10番7号 TEL. 082-251-1013	

今、最もお勧めしたい日本酒

田酒、豊盃、赤武、山形正宗、寫樂、黒龍、みむろ杉、宝剣、田中六五、光栄菊

出雲富士、寫樂、新政、一歩己、山和、白鴻、願人、斬九郎、貴、風の森

鼎、金雀、一白水成、龍神、あづまみね、花邑、謙信、恵信、屋守、射美、花陽浴

新政、一白水成、山本、陸奥八仙、宮寒梅、羽根屋、ばくれん、仙禽、紀土、醸し人九平次、獺祭

綿屋、佐久の花、醸し人九平次、義侠、花巴、喜久酔、新政、王祿、菊姫、惣誉

丹沢山、隆、媛一会、秋鹿、鏡野、松の司、菊姫、奥播磨、風の森、悦凱陣、長珍

昇龍蓬莱、萩の鶴、王祿、旭菊、澤屋まつもと、丹沢山、天遊琳、醉右衛門、奥播磨、長珍

誉池月、玉川、やまと桜、小左衛門、旭興、王祿、義侠、落花流水、会津娘、独楽蔵

勝駒、千代鶴、林、池月、梵、羽根屋、太刀山、三笑楽、根知男山、上喜元

村祐、山間、高千代、謙信、景虎、根知男山、〆張鶴、くどき上手、豊盃、花邑、小布施、手取川

新政、あべ、雅楽代、林、舞美人、秋鹿、御前酒、而今、天穏、天美、文佳人、鍋島

而今、伯楽星、飛露喜、竹鶴、王祿、義侠、青煌、新政、仙禽、みむろ杉

白隠正宗、開運、富士正、英君、陸奥八仙、奈良萬、羽根屋、旭菊、土佐しらぎく、上喜元

磯自慢、喜久酔、初亀、白隠正宗、英君、田酒、新政、山形正宗、雨後の月、王祿、悦凱陣

るみ子の酒、天遊琳、八兵衛、秋鹿、竹泉、大治郎、七本槍、睡龍、篠峯、玉川、神亀、十旭日、竹雀

いづみ橋、白隠正宗、杉錦、酒屋八兵衛、伊根満開、櫛羅、睡龍、剣菱、日置桜、十旭日

喜久酔、旭菊、宝剣、磐城壽、生酛のどぶ、秋鹿、綿屋、王祿、遊穂、天遊琳

都美人、車坂、早瀬浦、開運、鷹勇、花垣、農口尚彦研究所、玉川、くどき上手

千代むすび、日置桜、辨天娘

王祿、大典白菊、紀土、新政、山和、多賀治、寫樂、くどき上手、七本槍、陸奥八仙、土田、加茂錦

新政、飛露喜、黒龍、風の森、日置桜、宝剣、神雷、田中六五、鍋島、二兎、美和桜、東洋美人

雨後の月、賀茂金秀、宝剣、亀齢、王祿、大倉、貴、天美、光栄菊、みむろ杉、鳳凰美田、望

217

日本酒用語事典

● **日本酒**[にほんしゅ]

蒸した米と米麹を、水と合わせて、発酵させた酒。基本の原料は米と米麹と水。米と米麹が水に溶けたお粥のようなものをもろみと呼び、布などで濾した液体が日本酒で、固形分が酒粕。

造り手に関する用語

● **酒蔵**[さかぐら]

日本酒を造るメーカー。全国で1800社くらいあるが、ここ30年で半減した。日本酒を造れる酒造免許は、新規では基本的に下りないので、酒蔵数は減る一方。休蔵している酒蔵もあり、実際に造られている銘柄数はもっと少ない。記録として残っている最古の酒蔵は、創業870年以上と言われる。

● **杜氏**[とうじ]

酒造りの監督。雪国の農家が冬場の出稼ぎで酒を造るようになり、酒造りの技能集団が生まれた。その中で能力の高い者が杜氏と呼ばれ、集団を率いるようになった。杜氏には流派があり、岩手県の南部杜氏、新潟県の越後杜氏、兵庫県の丹波杜氏が大勢力で、三大杜氏と呼ばれた。秋田県の山内杜氏、石川県の能登杜氏も有名。

特定名称酒に関する用語

● **特定名称酒**
　　[とくていめいしょうしゅ]

純米酒、純米吟醸酒、純米大吟醸酒、本醸造酒、吟醸酒、大吟醸酒など、上級酒のこと。農産物検査法で3等以上に格づけされた玄米を使い、麹の使用量や精米歩合の規定を満たしていることが条件。それ以外の酒は、普通酒や合成清酒。特定名称酒が微増傾向にある。

● **純米酒・純米吟醸酒・純米大吟醸酒**
　　[じゅんまいしゅ・じゅんまいぎんじょうしゅ・じゅんまいだいぎんじょうしゅ]

特定名称酒で原料が米と米麹と水だけの酒が純米酒。玄米を4割削り取ると純米吟醸酒。半分以下まで削ると純米大吟醸酒。一般的に純米大吟醸酒が最もおいしい高級酒と位置づけされる。

● **本醸造酒・吟醸酒・大吟醸酒**
　　[ほんじょうぞうしゅ・ぎんじょうしゅ・だいぎんじょうしゅ]

特定名称酒で原料が米と米麹と水と醸造アルコールの酒。醸造アルコールはサトウキビの搾りかすなどを発酵させた蒸留酒。精米歩合で分類され、3割削ると本醸造酒、4割が吟醸酒、半分以上が大吟醸酒。

酒の種類に関する用語

● **荒走り・中取り・責め**
　　[あらばしり・なかどり・せめ]

もろみから酒を搾った順に呼び名が変わり、荒走り、中取り（または中汲み）、責めと呼ばれる。最初の荒走りはやや白くにごり、炭酸ガスが残ったフレッシュな味わい。次の中取りは最もバランスがよいとされ、商品名につける蔵もある。責めは最後に圧力をかけて搾るため、渋みや苦みも出る。

● **おり酒・にごり酒**[おりざけ・にごりざけ]

白いにごりがある酒で、薄いにごりから、濃いにごりまである。にごりは酒米の溶け残りの微粒子などで、おりと呼ばれる。しばらく静置しておくと沈殿し、上澄みは透明に。通常の透明な酒は、この上澄み部分。もろみを搾る際に、わざとおりを混ぜたのが薄にごりまたはおり酒。濃いにごり酒は、搾る時に濃いおりを分けておき、できた酒に混ぜて造る。にごり生酒は発泡しているものが多く冷蔵販売される。加熱済みのにごり酒は常温販売。

● **原酒・低アルコール原酒**
　　[げんしゅ・ていあるこーるげんしゅ]

酒造りの最後、もろみを搾り、酒と酒粕に分けたそのままの酒が原酒。アルコール度数が高く、味わいが濃い。従来、日本酒の醸造では、アルコール度数が17度以上に上がるため、水を加え15度程度に薄めていた。近年、醸造技術が上がり、原酒で15度以下の酒が造られるように。低アルコール原酒と呼ばれ、ワイン並みの度数で、エキス分も高くて人気がある。

● **スパークリング日本酒**
　　[すぱーくりんぐにほんしゅ]

発泡性の日本酒のことで3種類ある。ひとつは瓶内二次発酵タイプ。瓶内でアルコール発酵が進み炭酸ガスが生まれた発泡酒で白いおりが含まれる冷蔵流通される。近年技術が発達し、おり引きした透明な泡酒が登場。市場では炭酸ガスをあとから添加した低アルコールタイプが多い。

● **生酒**[なまざけ]

搾った酒を、火入れしないで瓶詰めし、出荷

するのが生酒。別名、生々(なまなま)。フレッシュで爽やかな風味が特徴。酒質がデリケートで、変質しやすいため、遮光と冷蔵管理が必須。

● 生貯蔵酒 [なまちょぞうしゅ]

酒を搾ったあと、火入れをせず生酒のまま貯蔵。瓶に詰める際に、火入れをする酒。生酒ほどではないが、フレッシュ感がある。300 ml瓶が多い。近年、生酒の冷蔵流通が進み、減少傾向にある。

● 生詰め・ひやおろし
[なまづめ・ひやおろし]

どちらも同じ一度火入れの酒。従来の日本酒はタンクで貯蔵し、造ってすぐと出荷前の二度火入れを行った。二度目の火入れをせず、秋に出荷した酒が本来のひやおろし。瓶に詰める際、火入れしないので生詰めともいう。近年、瓶で1回火入れする酒が増え、ひやおろしは単に秋に発売する酒のことを指すことも多い。

味わい・香りなどに関する用語

●アミノ酸度 [あみのさんど]

日本酒のうまみ成分量を示す。数値が大きいほど、アミノ酸の量が多く、コクのある太い味に。小さいと、淡麗な味。吟醸酒は、アミノ酸度が少なめ。アミノ酸の多い純米酒は、燗に向くと言われる。

● 燗酒 [かんざけ]

温めて飲む酒のこと。昔の日本酒は、温めて飲むのがおいしい酒が多く、その頃の格言に「貧乏人の冷や酒」がある。温めた方がおいしいのに、お金がないので、冷たい酒を飲んでいる様子を指す。最近でも、生酛など、乳酸が多い酒や、精米歩合が低く、味わいの濃い純米酒は、温めるとおいしくなる酒が多い。これを燗上がりと呼ぶ。

● 酸度 [さんど]

日本酒に含まれる酸味の量の目安。酸味が多いほど、数値が大きくなり、辛口に感じる。1.5を超すと、酸っぱさを強く感じる。

● 日本酒度、甘口・辛口
[にほんしゅど、あまくち・からくち]

日本酒の甘口、辛口の目安が、日本酒度。プラスが辛口で、マイナスが甘口。日本酒の成分は主にアルコールと糖分なので、アルコールが多いと辛口、糖分が多いと甘口になる。ただし、アルコールと糖分、両方が多い甘辛口の酒や、両方少ない淡麗で薄口の酒は、

日本酒度で表現しきれないので注意が必要。

酒米に関する用語

● 米・酒米 [こめ・さかまい]

日本酒の原料。食べておいしい米を飯米、酒造りに向いた米を酒米と呼び品種が異なる。コシヒカリは飯米、山田錦は酒米。食べ比べると、酒米は淡い味。酒米の特徴は粒が大きく、米の中心に白濁して見える心白という部分がある。酒米の稲は背が高く倒れやすいため、飯米の稲より育てづらい。収穫量も少なく高価。

● 秋田酒こまち [あきたさけこまち]

秋田県が開発した酒米の中で、最も成功した品種。粒は大きく、心白の発現率が高く、タンパク質の含量が少ない。クリアで、すっきりした酒質ながら、上品な甘みも感じる酒米。

● 雄町 [おまち]

山田錦の父のルーツにあたる原生種の米。山田錦登場までは、一番人気だった。今も人気があり、米価で最高値をつけることも。晩生で、山田錦より背が高い。味わいが濃醇で、ボディ感ある酒に仕上がる。主な栽培地は岡山県。鳥取県大山の麓で発見されたとされる。

● 強力 [ごうりき]

大山山麓で見つかった原生種。主に鳥取県で栽培される。背が高く、その名にちなんだように剛直な味わいの酒になる。熟成させて燗酒で飲むのに適し、いぶし銀の味と言われる。

● 五百万石 [ごひゃくまんごく]

新潟県で開発された酒米。かつて、日本一の生産量を誇った。新潟県の米の生産量が、ちょうど500万石を超えた年に開発されたため、五百万石と命名。すっきりした淡麗な酒質に仕上がる。

● 出羽燦々 [でわさんさん]

山形県開発の酒米。吟醸酒向き。山形開発の麹菌オリーゼ山形とセットの使用が多く、山形の軟水造りと相まって、やわらかい味わいのよい酒に仕上がる。

● 広島八反・八反錦
[ひろしまはったん・はったんにしき]

ともに広島県を代表する酒造好適米。広島八反を、大粒で育てやすく改良したのが八反錦。スッとした酒質で、きれいな酒に仕上がる。

● 美山錦［みやまにしき］

たかね錦という酒米に、放射線照射してできた突然変異種。長野県で開発された。寒さに強い稲で、東北でも盛んに作られている。すっきりして、雑味の少ないきれいな味の酒に仕上がる。

● 山田錦［やまだにしき］

酒米の代表品種。酒米の王とも。兵庫県が、誕生地かつ主産地。育成されてから80年経つが、うまい酒が造れると圧倒的な人気を誇る。作付面積は日本一。晩生の上、背が高くて倒れやすく、籾が落ちやすいなど、農家泣かせ。酒の造り手を選ばない米とも言われ、名人だとかなり美味、それなりの腕でもうまい酒に。新酒でも古酒でもうまく、万能の酒米と言われる。

● 麹菌・米麹［こうじきん・こめこうじ］

麹菌は、別名麹カビと言い、微生物の一種。もやしとも言う。糖化酵素を作り出し、米を糖化して甘くすることができる。蒸し米に麹菌を生やしたものが米麹。白くふわふわした綿に包まれた米のように見える。昔の酒造りでは一麹、二酛、三造りと言って、麹造りが、酒造りで最も重要な工程とされている。米麹の作り出す酵素が、蒸し米のデンプンを糖化し、甘くする。

● 酵母［こうぼ］

酵母は、微生物の一種で、単細胞生物。糖分を食べて、アルコールと炭酸ガスを、作り出す。酒造りの主役。パン作りのイーストと基本的には同じ。パン作りでは、酵母の作る炭酸ガスを、パン種を膨らませるのに利用する。酒造りでは、酵母の作るアルコールが主産物。スパークリング酒のように、酵母の生むアルコールと炭酸ガス両方を利用する製品もある。

● 乳酸菌［にゅうさんきん］

乳酸菌は、乳酸を作り出す微生物。江戸時代まで、酒造りは乳酸菌の乳酸発酵による、天然乳酸を利用した。醸造初期に、天然乳酸で環境を滅菌し、その後、酵母によるアルコール発酵が始まる。この造りは、生酛造りや菩提酛造りと呼ばれた。日本酒造りは、麹菌と酵母と乳酸菌、3種類の微生物が関わっていると言える。明治期に入り、西洋科学が渡来すると、乳酸発酵なしで化学合成した乳酸を使用した滅菌が発明された。これが速醸酛。現代でも、酒造りの主流である。

● 掛米［かけまい］

麹とセットで使われる蒸し米で、麹菌を生やさないもの。麹米と比べ、安価な米を使うことが多い。麹米と掛米はセットで、酒母の仕込みと、三段仕込みの添・仲・留それぞれの場面で使う。

● 黄麹・白麹・黒麹
［きこうじ・しろこうじ・くろこうじ］

麹菌にも種類があり、日本酒造りと味噌・醤油造りで使う黄麹、焼酎造りで使う白麹・黒麹がある。最近、白麹も使った日本酒が、造られるようになった。白麹は、今までの日本酒になかったクエン酸を作るため、これまでにない新しい風味の日本酒が造られ始めている。

● 生酛・山廃酛・速醸酛
［きもと・やまはいもと・そくじょうもと］

酒母の造り方の種類。今、流通しているほとんどの日本酒は、速醸酛。化学的に合成された乳酸と比べ、生酛・山廃酛は、乳酸菌が乳酸発酵して生み出す乳酸を使った酒造り。合成乳酸を添加しない自然な酒造りと言える。生酛は、江戸時代に発明された伝統製法。複数の微生物の働きを複雑に組み合せた、精緻巧妙な酒造りの方法。速醸酛と山廃酛は、明治時代末に発明された比較的新しい酒造りの手法。生酛より古い造り方の菩提酛もあり、やはり乳酸菌の力を借りる。

● 吟醸造り［ぎんじょうづくり］

酒米を60％より小さく削り、通常より低温で、時間をかけてゆっくり発酵させる造り方。すっきりしたきれいで上品な味で、香りが華やかな酒が多い。低い温度にするメリットは、より雑菌の繁殖が抑えられ、きれいな酒質になること、酵母を寒すぎる環境で苛めることで、華やかな香りを出させることなど。この方法で造られる酒に純米吟醸酒、純米大吟醸酒、吟醸酒、大吟醸酒がある。

● 麹米［こうじまい］

仕込みに使う米のうち、麹を生やしたもので、酒の味わいを左右する。日本酒造りで、使用する米全体の2割くらい。特定名称酒は麹米を15％以上使わなくてはならない決まりがある。掛米より、上質な米が使われることが多い。

● 三段仕込み［さんだんじこみ］

もろみを造る時、あらかじめ造っておいた酒

母に対して、3回に分けて蒸し米と米麹、水を加えて、酒母を増やすこと。大まかに、1回あたり2倍に量が増えるため、三段仕込むと酒母の量の10倍以上に増える。1回目を初添または添、2回目を仲添または仲、3回目を留添または留と呼び、初添と仲添の間で、1日休むことを踊りと呼ぶ。三段仕込みをすることで、甘酸っぱく、アルコール度数の低い酒母が、度数の高い酒へと変化する。世界中の酒の中で、日本酒だけの醸造方法。

● 酒母・酛 [しゅぼ・もと]

蒸し米に麹菌を生やした麹米と、蒸した米と、水、酵母を混ぜ合わせたもの。酒母、または酛と呼ぶ。麹の酵素による糖化と、酵母の発酵が進むと、アルコール分があり、甘酸っぱくて味が濃い、どろどろした粥状の液体になる。どぶろくのような感じ。酒母を造るのが、実際的な酒造りの最初の工程。1週間から4週間ほどかかる。

● 上槽 [じょうそう]

もろみを布などで濾して、酒と酒粕に分けること。もろみを濾さない酒が、どぶろく。どぶろく造りは専用の免許が必要で、持っていない酒蔵がほとんど。

● 醸造アルコール [じょうぞうあるこーる]

本醸造酒などの原料の一種で、蒸留酒の一種。主として、サトウキビから砂糖を取ったあとのおり、廃糖蜜が原料で安価。原濃度95%以上の純粋なアルコール。状況に合わせて、希釈して使用する。もろみの発酵の最終段階で添加し、味をすっきりさせる。

● 醸造年度・BY [じょうぞうねんど・びーわい]

Brewery Year。日本酒の年度は、7月1日始まりで、6月30日で終わる。これを醸造年度と呼ぶ。平成30年7月1日以降、平成31年（新元号元年）6月30日までに造られた酒が30BY。

● 製麹・麹室 [せいぎく・こうじむろ]

蒸し米に、麹菌を生やす工程、麹造りを製麹と呼ぶ。麹室という密閉された部屋で行う。冬の酒蔵で唯一、室内が暑く、湿度が高い、南国のような環境。低い天井や、壁は杉張りが多い。麹室は、厚い断熱材で囲われており、入り口のドアも断熱材のため分厚く、室内の空気が逃げないようにパッキン付きで、冷凍室のようにカンヌキで開け閉めする。

● 精米・精米歩合 [せいまい・せいまいぶあい]

玄米の表面を削って、白米にすることを精米と呼ぶ。食べる米は、玄米の外側を10%近く削るが、酒を造る時は、大胆に玄米の外側を30%から50%、時には80%以上も削る。米の中心を使うほど、日本酒はきれいな味わいになる。米を削った残りの割合を、精米歩合と呼び、玄米の外側30%を削ると、精米歩合は70%。

● 炭素濾過・炭濾過 [たんそろか・すみろか]

活性炭をもろみに入れて、香りや味を吸着して取ること。冷蔵庫の脱臭剤と原理は一緒。最近、炭素濾過酒は減少傾向。

● 貯蔵 [ちょぞう]

酒蔵の日本酒貯蔵のやり方は、大きく分けて2つ。瓶貯蔵と、タンク貯蔵。瓶貯蔵は、一升瓶や四合瓶に詰めた状態で保管する。タンク貯蔵は、一升瓶1000本分以上入る大きなタンクでの保管。瓶貯蔵は、ほとんど空気に触れないため、味の変化が少ない。タンク貯蔵は、空気に触れやすいので、熟成が進み、味わいが変化する。貯蔵温度は零下から室温まで様々。酒質に合わせた貯蔵がされている。

● 火入れ [ひいれ]

搾った酒を、65℃以上で加熱殺菌し、酒の味を安定させることを、火入れと呼ぶ。火入れすると酵母や麹菌、乳酸菌などの微生物が死滅、酵素も失活して作用しなくなり、酒の味を大きく変化させる要因がなくなり、その一方で味わいも落ち着いてしまう。瓶に詰めてから湯につけて加熱する瓶火入れや、熱い管の中に酒を通して加熱し、タンクで貯蔵する蛇管火入れなどがある。

● 槽・ヤブタ [ふね・やぶた]

槽もヤブタも、もろみを搾って、酒と酒粕に分ける装置。槽は、その名の通り舟に似ていて、昔から今も愛用される。手作業でもろみを袋に入れて重ねて置き、上から圧して搾る縦型濾過式圧搾機。ヤブタは、空気圧搾横型フィルタープレス。もろみの搬送から、搾り終えるまで、手がかからないため、搾りの主流。見た目は、大きなアコーディオンのようにも見える。

● 醪 [もろみ]

酒母に、蒸し米、米麹、水を加えて薄めたもの。大きなタンクで混ぜ合わせ、溶けかけた米と、アルコールと水が混ざった粥状。発酵が進むと、3〜4週間で日本酒として完成する。